新型农民农业技术培训教材

新技术
新热点

无公害肉鹅
高效养殖与疾病防治新技术

● 刘晓亮　主编

U0306612

中国农业科学技术出版社

图书在版编目（CIP）数据

无公害肉鹅高效养殖与疾病防治新技术／刘晓亮主编．—北京：中国农业科学技术出版社，2011.11

ISBN 978 - 7 - 5116 - 0635 - 8

Ⅰ.①无…　Ⅱ.①刘…　Ⅲ.①肉用型 - 鹅 - 饲养管理 - 无污染技术　Ⅳ.①S835

中国版本图书馆 CIP 数据核字（2011）第 162981 号

责任编辑	朱　绯
责任校对	贾晓红　郭苗苗

出 版 者	中国农业科学技术出版社
	北京市中关村南大街 12 号　邮编：100081
电　　话	（010）82106626（编辑室）　　（010）82109704（发行部）
	（010）82109709（读者服务部）
传　　真	（010）82106624
网　　址	http://www.CASTP.cn
经 销 者	各地新华书店
印 刷 者	中煤涿州制图印刷厂
开　　本	850mm×1 168mm　1/32
印　　张	4.25
字　　数	114 千字
版　　次	2011 年 11 月第 1 版 **2012 年 4 月第 1 版第 3 次印刷**
定　　价	12.50 元

前　言

　　养鹅业是我国畜牧业的重要组成部分，我国的现代集约化肉鹅养殖始于 20 世纪 70 年代中期。经过 30 年的发展，我国的养鹅业取得了长足发展，但随之产生的肉难吃等问题也凸显出来。

　　本书结合我国肉鹅生产实际，重点介绍了肉鹅养殖的实用技术、高产经验及优质高效措施。内容包括无公害肉鹅养殖概述、肉鹅的品种、鹅场与鹅舍的建设、肉鹅的繁殖技术、无公害肉鹅的营养需要与饲料配制、无公害肉鹅的高效饲养管理技术和无公害肉鹅的疾病防治技术七部分。内容丰富，图文并茂，深入浅出，通俗易懂，是当前广大农户养好肉鹅的致富帮手，也可供农村技术人员、基层干部及大、中专学生参考使用。

　　限于水平，错误之处在所难免，望指正！

编　者

2011 年 3 月

目　录

第一章　无公害肉鹅养殖概述 ……………………………… （1）

　　第一节　肉鹅养殖的特点、现状及存在的问题 ……… （1）

　　第二节　肉鹅的形态特征与生活习性 ………………… （7）

第二章　肉鹅的品种 ……………………………………… （12）

　　第一节　鹅的品种分类 ………………………………… （12）

　　第二节　鹅的品种选择 ………………………………… （14）

第三章　鹅场与鹅舍的建设 ……………………………… （33）

　　第一节　场址选择 ……………………………………… （33）

　　第二节　鹅场的分区与布局 …………………………… （34）

第四章　肉鹅的繁殖技术 ………………………………… （46）

　　第一节　肉鹅的生殖系统与繁育特点 ………………… （46）

　　第二节　种鹅的选择和选配 …………………………… （49）

　　第三节　人工授精 ……………………………………… （54）

　　第四节　鹅的孵化 ……………………………………… （61）

第五章　无公害肉鹅的营养需要与饲料配制 …………… （78）

　　第一节　肉鹅的营养需要 ……………………………… （78）

　　第二节　肉鹅常用饲料及其应用 ……………………… （81）

　　第三节　肉鹅的饲养标准与日粮配合 ………………… （88）

第六章　无公害肉鹅的高效饲养管理技术 ……………… （92）

　　第一节　雏鹅的无公害培育及饲养管理技术 ………… （92）

第二节　育成期肉鹅的饲养管理技术 ……………（99）

第三节　肉用种鹅的饲养与管理技术 ……………（103）

第七章　无公害肉鹅的疾病防治技术 ……………（109）

第一节　常见鹅病的防治技术 ……………………（109）

第二节　鹅病综合防治措施 ………………………（122）

参考文献 ………………………………………………（126）

第一章 无公害肉鹅养殖概述

第一节 肉鹅养殖的特点、现状及存在的问题

一、肉鹅养殖的特点

根据鹅的生物学特性，养鹅业的特点主要体现在以下几方面。

1. 耐粗饲，节约粮食

鹅属节粮型家禽，具有强健的肌胃和比身体长 10 倍的消化道，以及发达的盲肠。鹅的肌胃在收缩时产生的压力比鸡、鸭都大，能有效地裂解植物细胞壁，使细胞汁流出。据测定鹅对青草粗纤维的消化率可达 45% ~ 50%，能充分利用草山草坡、滩涂草场、田边地角、河滩沟渠及房前屋后的零星草地的青绿饲料。鹅的盲肠中含有较多的厌氧纤维分解菌，能将纤维发酵成脂肪酸，因而鹅具有利用大量青绿饲料和部分粗饲料的能力。在放牧条件良好的情况下，肉用仔鹅达到上市体重时每增重 1.0 千克，耗精料仅需 0.5 千克。一般说来，用养 1 头肥猪的饲料来养鹅，产鹅肉量为猪肉量的 3 倍多。

我国最基本的国情是人多地少，人均占有粮食水平不高。因此，利用草滩、草地、草坡、草山、田边地角、沟渠道旁、果木林地等，发展耗粮少的养鹅业，无疑是畜牧业今后的一项重要任务，也是社会发展的需要，切合实际的选择。

2. 生长快，饲养周期短

在肉用畜禽中，从出生到上市屠宰为一个生产周期。鹅的生产周期短，与鹅早期生长发育快是密切相关的。据研究，不同禽

种从初生重到体重加倍的时间，鹅只需要 6~8 天，鸭需要 8~10 天，鸡和火鸡则需要 12~15 天，以鹅最短。鹅 4 周龄体重可达成年体重的 40%，鸡只能达 15%；鹅 8 周龄体重可达成年体重的 80%，鸡只能达 60%，火鸡则只能达到 15%，仍然以鹅为最快。我国鹅种中，小型鹅种 60~70 日龄体重为 2.5~3.0 千克；中型鹅种 70~80 日龄可达 3.0~4.0 千克；大型鹅种 90 日龄可达 5.0 千克以上。生产周期短，缩短了从投入到产出的时间，加快了资金的周转，从而提高了劳动生产率和经济效益。

3. 投资少，成本低

鹅适宜的饲养方式是进行放牧饲养，充分利用天然的放牧场地养鹅，成本低。不需要很多的设备，只需要简易的棚舍供晚间过夜使用，以及一些简单的育雏用具，如竹筐、食槽、水槽或饮水器等。养鹅需要的流动资金也较少，主要包括鹅苗、饲料等费用。养 1 只 3.5 千克重的鹅，其鹅苗和饲料费用不足 10 元，按每千克价格 6 元计算，可获毛利 10 元左右，由此可见养鹅业具有投入少、效益高的特点。

4. 产品用途广

鹅的产品主要包括鹅肉、鹅肝及鹅羽 3 大类。鹅肉与猪肉、羊肉比较，脂肪含量较少，肉质细嫩，营养丰富。鹅肉的脂肪含量只有 11.2% 左右，而瘦猪肉脂肪含量为 28.8%，瘦羊肉为 13.6%；而且鹅肉脂肪中不饱和脂肪酸含量比猪、牛、羊都高，对人体健康更为有利。鹅肉除直接食用外，传统的加工产品丰富多样，风味独特，备受广大消费者的青睐，同时，也使鹅肉得到增值。

鹅羽绒富有弹性，吸水率低，隔热性强，质地柔软，是高级衣、被的填充料，随着羽绒制品向时装化发展，羽绒大大增值。20 世纪 80 年代以来，随着我国鹅、鸭活体拔羽绒技术的推广，羽绒的产量和质量得到进一步的提高，掀起了养鹅业发展的新高潮。

鹅肥肝是一种高热能的食品，也是家禽产品中的高档品，具有质地细嫩、营养丰富、风味独特等优点，是西方国家食谱中的美味佳肴。

鹅除上述三大产品外，还包括内脏、鹅血、鹅羽毛等副产品，这些副产品有的是上等食品，如内脏加工成的香肠、灌肠和腌腊风味食品，以及将鹅肫风干制成的"鹅肫干"在国际市场都很走俏。有的副产品还具有药用价值。

二、我国肉鹅养殖的现状

我国是养鹅最早的国家之一。据考古挖掘证明，早在6 000多年以前的新石器时代，我国就已开始养鹅。我国许多有关农事和科技的古书籍中都提到了驯鹅、养鹅、鹅的选种、鹅的繁殖、鹅的管理、鹅产品的加工和流通等方面的内容。中国的古诗文和典故中也有大量关于鹅的作品。这一切都说明中国古代养鹅业的兴旺，也说明中国人历来就对鹅有很浓厚的感情和兴趣。

改革开放以来，我国养鹅业有了迅猛的发展。全国鹅的养殖量成倍地增长。我国鹅的养殖量和消费量也一直处在世界的首位。目前我国的养鹅业有以下特点。

1. 科学技术在养鹅业中的地位越来越重要

在农业部的领导和协调下，全国有关部门通力合作，于1989年出版了《中国家禽品种志》，基本厘清了全国包括鹅在内的优良家禽品种；全国各地开展了鹅品种的选育、引进、杂交、改良和育种等工作，先后培育出一批鹅的新品种，筛选了一批生产性能优良的杂交组合，从国外引进了一批优良的鹅品种，用于杂交改良我国本地鹅种，或用于鹅肥肝的生产；许多单位进行了鹅肥肝的研究和生产，目前鹅肥肝的生产水平已有了很大的提高，并开始外销；20世纪80年代开始的活拔鹅毛技术的推广，取得了明显的效益；鹅病的防治工作也有了突破性的进展，特别是对养鹅业有着致命威胁的小鹅瘟的发现、病毒分离和诊断，小鹅瘟血清和小鹅瘟疫苗的研制和生产，对养鹅业的发展起到推动作用；鹅的人工授精技术也得到了推广和应用。

2. 养鹅与荒坡滩涂的开发相结合

南京农业大学动物科技学院在江苏省北部地区进行养鹅增收的试验和推广工作，每年都有数十户农户从中尝到甜头，从养鹅起家，走上富裕之路的也大有人在。许多地方都有无法种植粮食和季节作物的草滩、荒坡、滩涂，特别是海滩、江滩、河滩、湖滩等，这些荒滩、草坡都可以放牧鹅群或种草养鹅。连云港市一家养鹅公司利用季节性过水河流发动周围农户发展养鹅生产，取得了很好的经济效益和社会效益。

3. 饲养规模的扩大和饲养方式的改变

多年来，养鹅一直是农民的家庭副业，以放牧为主，饲养规模一般为200～300只。但近年来，养鹅的规模越来越大，出现了许多规模很大的养鹅专业户。同时，养鹅已不仅仅是农户的事，很多企业也开始加入了养鹅的行列。这些规模养鹅专业户和养鹅公司已不再局限于放牧，而是改变了饲养方式，变放牧为半放牧半舍饲乃至全舍饲的饲养方式。舍饲的好处是减轻了养鹅人员的劳动强度，减少了不必要的损失，扩大了养殖规模，便于管理。许多养鹅公司实行一条龙的养殖模式，从育种、种鹅、孵化、饲料、屠宰、加工，直至鹅产品销售，实行一体化生产和管理。为了配合舍饲，实施人工种草。利用农田种草，草的产量比较高，质量也比较好，也使种植业由二元结构（粮食作物、经济作物）调整为三元结构（粮食作物、经济作物和饲料作物）。

4. 养鹅业已进入工业化生产的时代

鹅配合饲料的生产和应用是其中最典型的一个例子。以往人们都是用原粮如稻谷、麦粒、玉米等直接给鹅补料，用这些原粮喂鹅，由于其养分不全，会造成很大的浪费。随着鹅饲养标准的制定、修改和实施，越来越多的饲料生产厂家开始研制和生产鹅的配合饲料，越来越多的养殖户也开始使用配合饲料来养鹅。鹅的养殖方式也开始朝工业化生产的方向发展，在舍饲的基础上，人们开始了笼养和网上养殖。鹅的笼养和网上养殖，一方面节约了场地和空间，更重要的是有利于卫生防疫，便于生产管理。

5. 社会化生产

鹅的社会化生产主要体现在养鹅业早已不是一家一户的小事，而是规模比较大的、牵动多个部门和公司共同进行生产的一个相对独立的行业。首先是许多地方的政府重视养鹅业的发展，由政府部门来组织和协调养鹅业生产；其次是一些大公司参与了养鹅业生产，这些公司利用自身的资金优势、技术优势、管理优势和销售优势，发展鹅的育种、新品种鹅的引进、鹅的孵化、组织饲料生产、安排周边农户进行商品鹅的养殖，活鹅的收购，鹅产品的深加工，直至利用自己的销售渠道进行宣传、销售，将鹅产品打入市场，这些工作都不是一家一户农户所能做到的。同时，养鹅的效率也越来越高。人们对食品安全的要求也已越来越多地体现在鹅的生产上，因而鹅的生产厂家也越来越重视鹅的安全生产。

6. 鹅产品的加工越来越深入，越来越综合化

以往人们对鹅的消费仅是以鹅肉为主。其实鹅全身都是宝，对鹅进行综合利用可以大幅度地增值。除了鹅肉可以进行卤制加工外，鹅的内脏、鹅血可以提炼对人的保健起很大作用的药品；羽绒产品还在继续开发；鹅皮的加工和开发也越来越受到人们的重视，鹅绒裘皮加工工艺的成熟已使得鹅皮制品即将走上市场。

三、肉鹅养殖中存在的问题

1. 疾病防控

我国虽然是鹅的生产大国，但还不是强国。近年来我国鹅饲养量虽逐年增长，规模化、产业化经营水平也得到快速提高，但从 2004 年和 2005 年我国两次发生禽流感疫情的影响来看，近年来养鹅业发展产生波动的主要因素是疫病问题，疫病危害已成为阻碍养鹅业发展的重要因素。

从全国总体情况来看，鹅疫病的研究和防控体系还不完善。

水禽饲养方式仍然落后、粗放，饲养条件简陋，散养仍占较大的比重。由于鹅饲养较为分散，养殖户的小规模、大群体的养殖模式，面广量大，饲养环境不能封闭隔离。同一水域可能承载多群来源不同的鹅群，极易感染各种传染病，致使疫病的防控难度增大。一旦发病，传播较快，很难防控，损失惨重。

2. 育种和良种繁育体系发展极不均衡

我国鹅除部分地方鹅的育种水平较高外，整个鹅育种体系科技含量还不够高，特别是在肉鹅、填鹅品种方面，国产的当家品牌数量严重不足，多数鹅原种场规模小，选育和繁育手段落后，也不规范，种群处于自繁自养和乱杂乱配状态，生产水平不理想，本品种选育、品系选育和配套系杂交利用滞后，个体生长性能参差不齐，遗传潜力尚未发挥，造成良种在数量上不能满足生产快速发展的需求，良种推广工作进展缓慢，严重影响了鹅业的快速发展和经济效益。

3. 饲养方式落后

传统的饲养方式和目前的小规模大群体模式不能保证现代化生产和消费的需要，规模、规范的工厂化养殖基地比例较少，散养仍占较大的比重，极不利于疫病防控和产品质量的管理。

4. 研发水平低、速度慢

目前鹅的大量研究工作还处在初始阶段，鹅的育种、营养、生理和产品标准还不完善。如很多鹅饲养场使用的水禽饲料仍以蛋鸡料和肉鸡料代替，这与现有的鹅饲养规模不相适应，鹅的专用疫苗和药品缺乏；鹅的孵化，大多仍以土造孵化机结合摊床的孵化为主，生产效率低，这也增加了雏鹅感染疾病的几率。鹅专用生物制品的开发速度也跟不上产业发展的需求。在科研领域，鹅的科学研究乏力，科研经费投入不足，育种工作和投入与国外相比仍有差距。这些问题的存在都不同程度地影响着我国鹅业的发展。

5. 鹅产品的深加工业相对滞后

当前，我国鹅产品深加工的小企业较多，规模普遍较小，屠宰加工工艺、技术和设备相对滞后，加工产品雷同，效率偏低。水禽产品加工以高温制品多，低温制品少；整只加工多，分割加工产品少；初加工产品多，深精加工产品少；国内消费多，产品出口少；产品附加值不高，市场开拓能力不强，遏制了产业化发展。

6. 生鲜冰冻品出口受阻

近几年来由于受禽流感疫情及国际贸易和技术壁垒的影响，生鲜冰冻品出口一直受阻、严重影响了出口创汇。

正是由于上述这些因素制约了我国鹅产业化的发展进程。

第二节　肉鹅的形态特征与生活习性

一、肉鹅的形态特征

鹅的体躯大，体型与雁相似，在外貌上与其他家禽有较大的差别。按其解剖部位分为以下几部分（图1-1）。

1. 头部

大多数中国鹅种其前额部都有肉瘤（俗称额疱），多数为半球形。肉瘤随年龄增加而长高，一般老龄鹅的肉瘤比青年鹅大，公鹅较大，母鹅较小。狮头鹅的肉瘤特别发达，向前突出，两颊也有明显肉瘤，从正面看形似狮头，故名"狮头鹅"。喙扁而宽，前端窄后端宽，呈楔形。有的鹅种咽喉皮肤松弛，形成"咽袋"。有的鹅种头后有球形羽束，称为顶心毛。眼的虹彩可分为灰蓝色和褐色两种，随品种不同而异。

2. 颈部

颈部较粗长，并有弯曲，可分颈背区、颈侧区（两侧）和颈腹区，各占1/4。中国鹅颈细长，弯长如弓，能挺伸，颈背微曲。国外其他鹅品种颈较粗短。一般前者产蛋性能较好，后者育

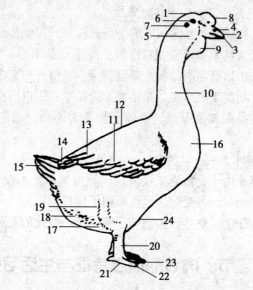

1. 头；2. 喙；3. 喙豆；4. 鼻孔；5. 脸；6. 眼；7. 耳；8. 肉瘤；9. 咽袋；

10. 颈；11. 翼；12. 背；13. 臀；14. 覆尾羽；15. 尾羽；16. 胸；

17. 腹；18. 绒羽；19. 腿；20. 胫；21. 趾；22. 爪；23. 蹼；24. 腹褶

图1-1　鹅体表部位名称

肥性能较好，但也有不同品种之分，如浙东白鹅颈细长。

3. 躯干部

躯干部的大小形态与肉用性能关系较大，一般认为大、中型鹅种体躯顾长，骨架大，肉质粗；小型鹅种体躯较小，骨骼细，结构紧凑，肉质细嫩。多数中国鹅种前躯向前抬起，后躯发达，腹部下垂；欧洲鹅种体躯平直，几乎与地面平行。有些鹅种腹部皮肤褶皱明显，下垂呈袋状，叫腹褶，又叫"蛋窝"，腹部逐步下垂，是母鹅临近产蛋的特征。

4. 翼部

翼部又称翅部，分为肩区、臂区、前臂区和掌指区。臂区与前臂区之间有一薄而宽的三角形皮肤褶，即前翼膜。长而宽的后翼膜连接前臂区和掌指区后缘。鹅不能飞翔（个别品种除外），但急行时两翼张开，有助于行走。

5. 胫、蹼

公鹅的胫较粗而长，母鹅较细短。胫和蹼的颜色往往相同，分橘色和黑色两种。橘色中有的偏黄，有的近于肉红色。胫、蹼的颜色是品种的重要特征之一。

6. 羽毛

鹅的体表覆盖羽毛。羽毛有白色和灰色两种，按其形状结构可分为真羽、绒羽和发羽，从商品角度可分为翅梗毛、毛片和绒毛。实际上，真羽包括翼羽和毛片，翼羽较长，有主翼羽10根，副翼羽12~14根，主、副翼羽间有1根较短的轴羽；绒羽即绒毛；发羽形似头发，数量很少，在生产上没有意义。尾部有尾羽，略上翘，鹅的雌雄羽毛很相似，不像鸡那样具有明显的形状和色彩的区别，也不像公鸭那样具有典型的性羽，单靠羽毛形状或颜色很难识别雌雄。

二、鹅的生活习性

1. 喜水性

鹅习惯在水中嬉戏、觅食和求偶交配，每天约有1/3的时间在水中生活（图1-2）。因此，宽阔的水域，良好的水源，是养鹅的重要环境条件之一。

图1-2 某鹅场一角

2. 合群性

家鹅具有很强的合群性，行走时队列整齐，觅食时在一定范围内扩散。放牧时，当个别鹅与大群走散时，或单只鹅离群独处时，会高声鸣叫，一旦得到同伴的应和，孤鹅会循声归群。

3. 食草性

鹅觅食活动性强，饲料以植物性为主，能大量觅食天然饲草，或经过发酵的青贮饲料。一般无毒、无特殊气味的野草和水生植物等，都可供鹅采食。因此，养鹅要尽量放牧。若舍饲，要种植优质牧草喂鹅，以保证青绿饲料供应充足。鹅没有嗉囊，食管是一条简单的长管，容积大，能容纳较多的食物，当贮存食物时，颈部食管呈纺锤形膨大。鹅没有牙齿，但沿着舌边缘分布着许多乳头，这些乳头与咀板交错，能将青绿饲料锯断。鹅的肌胃强而有力，饲料基本在肌胃中被磨碎。在饲料中添加少量细沙，或在运动场放置细沙，有助于鹅对饲料的磨碎消化（图1-3）。

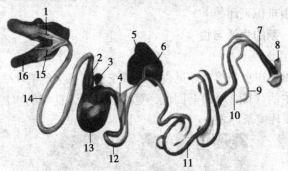

1. 鼻后孔；2. 腺胃；3. 脾；4. 胰腺；5. 肝；6. 胆囊；
7. 直肠；8. 阴道；9. 盲肠；10. 回肠；11. 空肠；
12. 十二指肠；13. 肌胃；14. 食管；15. 喉；16. 舌

图1-3 鹅的消化系

4. 耐寒性

成年鹅耐寒性很强，在冬季仍能下水游泳，露天过夜。鹅在梳理羽毛时，常用喙压迫尾脂腺，挤出分泌物，涂在羽毛上面，使羽毛不被水所浸湿，形成了防水御寒的特征。一般鹅在 0℃ 左右，仍能在水中活动。

5. 警觉性

鹅的听觉很灵敏，警觉性很强，遇到陌生人或其他动物时，就会高声鸣叫以示警告，有的鹅甚至用喙啄击或用翅扑击（图1－4）。

图1-4　鹅的警觉性　　　　　图1-5　固定的产蛋窝

6. 生活规律性

鹅具有良好的条件反射能力，活动节奏表现出极强的规律性。例如，在放牧饲养时，放牧、交配、采食、洗浴、休息和产蛋，都有比较固定的时间，而且鹅的这种生活节奏一经形成便不易改变，如原来的产蛋窝被移动后，鹅会拒绝产蛋或随地产蛋。因此，饲养管理程序不要轻易改变，以减少破损蛋的发生（图1－5）。

第二章 肉鹅的品种

第一节 鹅的品种分类

现代人养鹅的目的，观赏与警用已降到次要地位，主要是为了获得多而好的鹅肉、鹅蛋、鹅肥肝、鹅羽绒等鹅产品。在不同的生态环境和一定的社会经济条件下形成了鹅的品种类型，并根据生产发展方向和品种利用目的，从不同角度对鹅的品种进行分类。目前，一般从地理特性、经济用途、体型、产蛋性能、羽色等方面对鹅进行分类。

一、按地理特征分类

以往鹅的品种多从地理环境的分布进行分类，如中国鹅、法国图卢兹鹅、英国埃姆登鹅、埃及鹅、加拿大鹅、东南欧鹅、德国鹅等。这仅是世界上部分国家鹅种中的一些代表品种，其性状具有一定的代表性。中国鹅就包括众多的地方品种，各品种均有自身的特点，但也有很多相似性状。

二、按体型大小分类

这是目前最常用的分类方法，它根据鹅的体重大小分大型、中型、小型 3 类。大型品种鹅：公鹅体重为 10~12 千克，母鹅为 6~10 千克，如狮头鹅、朗德鹅、埃姆登鹅和图卢兹鹅。中型品种鹅：公鹅体重为 5.1~6.5 千克，母鹅为 4.4~5.5 千克，如溆浦鹅、雁鹅、皖西白鹅、马岗鹅、四川白鹅、莱茵鹅等。小型品种鹅：公鹅体重为 3.7~5 千克，母鹅为 3.1~4.0 千克。国内属于小型鹅种的有乌鬃鹅、太湖鹅等。

三、按经济用途分类

鹅的主要产品为毛、肉、蛋、肥肝等，虽然各种鹅均生产这些产品，但不同品种的鹅适宜用途有所不同。按鹅的主要经济用途，鹅品种可分羽绒用、蛋用、肉用、肥肝用4种类型。

羽绒用型：各品种的鹅均产羽绒，专门把某些鹅种定为羽绒用型似乎不科学，但在鹅的品种中，以皖西白鹅的羽绒洁白、绒朵大，品质最好，最适合活鹅拔毛收集羽绒。但皖西白鹅产蛋较少，繁殖性能差，如以肉毛兼用为主，可引入四川白鹅、莱茵鹅等进行杂交。

蛋用型：目前鹅蛋已成为都市人喜爱的食品，且售价较高，国内一些大型鹅产品加工、经营企业争相收购鹅蛋，加工成再制蛋后进入超市。我国豁眼鹅、籽鹅、四川白鹅、太湖鹅及德国莱茵鹅等均属优良的蛋用鹅种。豁眼鹅、籽鹅是世界上产蛋量最大的鹅种，一般年产蛋可达14千克左右，饲养较好的高产个体可达20千克。这两种鹅个体相对较小，除产蛋用外，还可利用该鹅作母本，与体型较大的鹅种进行杂交生产肉鹅。这样可充分利用其繁殖性能好的特点，繁殖更多的后代，降低肉鹅种苗生产成本。

肉用型：凡仔鹅60～70日龄体重达3千克以上的鹅种均适宜作肉用鹅。这类鹅主要有四川白鹅、皖西白鹅、浙东白鹅、长白鹅、固始鹅、狮头鹅以及国外的图卢兹鹅、朗德鹅、匈牙利鹅及莱茵鹅等。这类鹅多属中、大型鹅种，其特点是早期增重快。

肥肝用型：这类鹅引进品种主要有朗德鹅、图卢兹鹅，国内品种主要有狮头鹅、溆浦鹅。这类鹅经填饲后的肥肝重达600克以上，优异的则达1 000克以上。这类鹅也可用作产肉，但习惯上把它们作为肥肝专用型品种。

养鹅选择品种时，除应注重鹅的品种用途外，还应注重市场的需求趋势。如目前洁白的鹅羽绒价高俏销，因此收购活鹅加工的企业，一般只收白羽色的鹅，发展养鹅生产应注重选择相应品种。此外，鹅肥肝虽然价值高，但生产技术要求较高，只有大型公司才有能力进行开发这一产品，农户小规模生产不宜进行。当前农户养鹅宜与公司联合进行鲜鹅蛋及活鹅生产，使产品回收有保障。

四、按羽毛颜色分类

中国鹅按羽毛颜色分为白鹅和灰鹅两大类。灰鹅如狮头鹅、雁鹅、乌鬃鹅、四川钢鹅；白鹅如太湖鹅、豁眼鹅、皖西白鹅、浙东白鹅、四川白鹅等。在我国北方以白鹅为主，南方灰、白品种均有，但白鹅多数带有灰斑，有的如溆浦鹅同一品种中存在灰鹅、白鹅两系。国外鹅种羽色较丰富，有白色、灰色、浅黄色、黑色、杂色等，但以灰鹅占多数，有的品种如丽佳鹅的雏鹅呈灰色，长大后逐渐转白色。

第二节　鹅的品种选择

一、鹅品种选择的关键

在鹅的养殖中，合适的品种，是确保养鹅增效的关键。在品种选择时，应综合考虑当地市场条件、消费习惯等方面，选择最适合的品种，以达到养殖致富的目的。

我国养鹅生产的主要目的是生产鹅肉、鹅羽绒及鹅肥肝。由于鹅肉消费习惯的差异，我国形成了两大不同的鹅肉消费需求市场。一个是广东、广西、云南及港澳地区，市场对鹅品种的要求为灰羽、黑头和黑脚，饲养的品种主要以当地的灰鹅品种为主。近年来，多数养鹅场（户）利用本地灰鹅品种（如马冈鹅、合浦鹅等）为父本，以产蛋量高的天府肉鹅、四川白鹅为母本进行杂交。另一个是我国绝大部分省、自治区、直辖市，市场对鹅品种要求为白羽，饲养的鹅品种主要是当地的白羽鹅种。近年来广泛使用品种间杂交或我国培育的白羽肉鹅配套系，利用杂种优势来提高生产性能。肥肝生产中所使用的鹅种主要是从法国引进的朗德鹅。

二、国内大型鹅品种——狮头鹅

狮头鹅是我国也是亚洲唯一的大型鹅种，因前额和颊侧肉瘤发达呈狮头状而得名。

（一）产地与分布

狮头鹅体型大，生长快，饲料利用率高，杂交时可作为父本品种用。狮头鹅原产于广东省饶平县溪楼村，主产于澄海、饶平两县。中心产区位于澄海市和汕头市郊区。20世纪90年代初，全国已有23个省、自治区、直辖市引种饲养。2002年存栏60万只。狮头鹅的形成历史已有200多年，现已在产区建立了种鹅场，进行了系统的选育工作。按羽毛颜色和外貌分为若干类型，形成了外貌特征一致、遗传性能稳定的种群。

（二）外貌特征

狮头鹅体型硕大，是世界上三大重型鹅种之一。体躯呈方形，头大颈粗，前躯略高。公鹅昂首健步，姿态雄伟，头部前额肉瘤发达，向前突出，覆盖于喙上。两颊有左右对称的黑色肉瘤1~2对，颌下咽袋发达，一直延伸到颈部，形成"狮形头"，故得名狮头鹅。公鹅和2岁以上母鹅的头部肉瘤特征更为显著。喙短，质坚实，黑色，与口腔交接处有角质锯齿。脸部皮肤松软，眼皮凸出，多呈黄色，外观眼球似下陷，虹彩褐色。胫粗、蹼宽，胫、蹼均为橘红色，有黑斑。皮肤米黄色或乳白色。体内侧有袋状的皮肤皱褶。背面羽毛、前胸羽毛及翼羽均为棕褐色，由头顶至颈部的背面形成如鬃状的深褐色羽毛带，腹面的羽毛白色或灰白色，褐色羽毛的边缘色较浅，呈镶边羽。

（三）生产性能

1. 产蛋性能

产蛋季节通常在当年9月份至翌年4月份，这一时期一般分3~4个产蛋期，每期可产蛋6~10枚。第一个产蛋年产蛋量为20~24枚，平均蛋重176克，蛋壳乳白色。2岁以上母鹅，年平均产蛋量 24～30 枚，平均蛋重 217.2 克。

2. 生长速度与产肉性能

成年公鹅体重 8.85 千克，母鹅 7.86 千克。生长速度因生产季节不同而有差异，每年以 9～11 月份出壳的雏鹅生长最快，饲料报酬也高。在放牧条件下，公鹅初生重 134 克，母鹅 133 克；30 日龄公鹅体重 2.25 千克，母鹅 2.06 千克；60 日龄公鹅体重 5.55 千克，母鹅 5.12 千克；70～90 日龄上市未经肥育的仔鹅，公鹅平均体重 6.18 千克，母鹅 5.51 千克。公鹅半净膛率 81.9%，母鹅为 84.2%；公鹅全净膛率 71.9%，母鹅为 72.4%。

3. 繁殖性能

母鹅开产日龄为 160～180 天，一般控制在 220～250 日龄。种公鹅配种一般都在 200 日龄以上，利用年限为 2～4 年，公、母鹅配种比例为 1：（5～6）。种蛋受精率 70%～80%，受精蛋孵化率 80%～90%。母鹅就巢性强，每产完 1 期蛋就巢 1 次，全年就巢 3～4 次。就巢性较弱的只占 5% 左右。母鹅可连续使用 5～6 年，盛产期为 2～4 岁。雏鹅在正常饲养条件下，30 日龄雏鹅成活率可达 95% 以上。

4. 产肥肝性能

狮头鹅是国内体型最大、产肥肝性能最好的灰羽品种。据对 672 只狮头鹅的测定，肥肝平均重为 538 克，最大肥肝重 1 400 克，肥肝占屠体重达 13%，料肝比 40：1。肥肝平均重和最大重，在国内品种中均居第一。以狮头鹅作为父本，与我国 3 个产蛋较多的鹅种——太湖鹅、四川白鹅、豁眼鹅进行杂交，杂种的肥肝性能大大优于母本品种。

5. 产羽绒性能

70 日龄公鹅、母鹅烫煺毛产量平均为每只 300 克。有的母鹅 70 日龄烫煺毛产量可达 450 克。狮头鹅属灰羽品种，羽绒质量不及白羽鹅。

三、国外大型鹅品种

（一）埃姆登鹅

埃姆登鹅原产于德国，是一个古老的大型鹅种。

1. 外貌特征

体型大，生长快。成年鹅全身披白羽而紧贴，头大呈椭圆形，颈长略呈弓形，背宽阔，体长，胸部光滑看不到龙骨突出，腹部有一双皱褶下垂。尾部较背线稍高，站立时身体姿势与地面成30°~40°。凡头小、颈下有重褶、颈短、落翅、步伐沉重、龙骨显露者为不合格。喙、胫、蹼呈橘红色，喙粗短，眼睛为蓝色。

2. 生产性能

（1）繁殖性能 母鹅10月龄左右开产。公、母鹅配种比例1：（3~4）。母鹅就巢性强。

（2）产蛋性能 年平均产蛋10~30枚，蛋重160~200克，蛋壳坚厚，呈白色。

3. 产肉性能

成年公鹅体重9~15千克，母鹅8~10千克。60日龄仔鹅体重3.5千克。肥育性能好，肉质佳，用于生产优质鹅油和鹅肉。羽绒洁白丰厚，活体拔毛，羽绒产量高。

（二）图卢兹鹅

1. 产地与分布

图卢兹鹅又称茜蒙鹅，是世界上体型最大的鹅种，19世纪初由灰鹅驯化选育而成。原产于法国南部的图卢兹市郊区，主要分布于法国西南部。后传入英国、美国等欧美国家。该鹅种由于体型巨大，曾被用来改良其他鹅种。法国的朗德鹅和前苏联的唐波夫鹅等，都有图卢兹鹅的血统。

2. 外貌特征

图卢兹鹅体态轩昂，羽毛丰满，具有重型鹅的特征。头大、喙尖，颈粗、中等长，体躯呈水平状，胸部宽深，腿短而粗。颌下有皮肤下垂形成的咽袋，腹下有腹褶，咽袋与腹褶均发达。羽毛灰色，着生蓬松，头部灰色，颈背深灰，胸部浅灰色，腹部白色。翼部羽深灰色带浅色镶边，尾羽灰白色。喙橘黄色，跖、蹼橘红色。虹彩褐色或红褐色。眼深褐色或红褐色。

3. 生产性能

（1）产蛋性能　年产蛋量 30～40 枚，是产蛋量较高的重型鹅种。平均蛋重 170～200 克，蛋壳呈乳白色。

（2）生长速度与产肉、产肝性能　早期生长快，60 日龄仔鹅平均体重为 3.9 千克。成年公鹅体重 12～14 千克，母鹅 9～10 千克。产肉多，但肌肉纤维较粗，肉质欠佳。易沉积脂肪，用于生产肥肝和鹅油，强制填饲每只鹅平均肥肝重可达 1 000 克以上，最大肥肝重达 1 800 克。肥肝大而质软，质量较差。

（3）繁殖性能　母鹅性成熟迟，开产日龄为 305 天。公鹅性欲较强，有 22% 的公鹅和 40% 的母鹅是单配偶，受精率低，仅 65%～75%，公、母鹅配种比例为 1:（3～4），每只母鹅 1 年仅能繁殖 10 多只雏鹅。就巢性不强，平均就巢数量约占全群的 20%。

四、国内中型鹅品种

（一）四川白鹅

1. 产地与分布

四川白鹅主产于四川省温江、乐山、宜宾、永川和达县等地，分布于平坝和丘陵水稻产区。目前，其生产区几乎遍布全国。四川白鹅是我国中型鹅种中基本无就巢性、产蛋性能优良的品种。四川农业大学家禽研究室经多年选育结果表明，四川白鹅作为配套系的母本，最为理想。

2. 品种特征

公鹅体型较大，头颈稍粗，额部有一呈半圆形的橘黄色肉瘤；母鹅头清秀，颈细长，肉瘤不太明显。全身羽毛洁白，喙橘黄色，胫、蹼橘红色，虹彩蓝灰色。成年公鹅体重 5.0～5.5 千克，母鹅4.5~4.9千克。对各种气候环境的适应能力强，全国各地引种后生产性能基本保持稳定。

3. 生产性能

（1）肉用性能 四川白鹅平均出壳体重71.1克，60日龄体重2.5千克，90日龄达3.5千克。半净膛屠宰率：公鹅86.28%，母鹅80.69%；全净膛屠宰率：公鹅79.27%，母鹅73.10%。180日龄公鹅胸腿肌重829.5克，占全净膛重的29.71%，母鹅为644.6克，占全净膛的20.4%。

（2）繁殖性能 公鹅性成熟期为180日龄左右，母鹅于200日龄开产。母鹅基本无就巢性。平均年产蛋量60~80枚，高产母鹅超过100枚。平均蛋重146.28克，蛋壳白色。公、母配比1：（4~5），种蛋受精率85%左右，受精蛋孵化率90%左右。

（3）其他性能 据测定，四川白鹅的肥肝平均重344.0克，最大的520克，肝料比1：42。另外，四川白鹅羽毛洁白，绒羽品质优良，种鹅休产期可拔毛两次。

4. 用途

四川白鹅是培育配套系母本品系的优良品种，可用作肉鹅或肥肝鹅配套系母本品系的育种素材，也可用于改良其他品种的繁殖性能。

（二）皖西白鹅

皖西白鹅原产于安徽省西部，属中型绒肉兼用型鹅种，是我国中型白色鹅种中体型较大的一个地方品种。

1. 外貌特征

体型中等，颈长呈弓形，胸深广，背宽平。全身羽毛白色，头顶有橘黄色肉瘤，圆而光滑无皱褶。喙橘黄色，虹彩灰蓝色，胫、蹼橘红色，爪白色。约6%的鹅颌下有咽袋。公鹅肉瘤大而突出，颈粗长有力；母鹅颈较细短，腹部轻微下垂。少数个体头顶后部生有球形羽束，称为"顶心毛"。

2. 生产性能

（1）繁殖性能　母鹅开产日龄一般为 6 月龄，公、母鹅配种比例 1 :（4 ~ 5）。种蛋受精率平均为 88.7%。受精蛋孵化率为 91.1%，健雏率 97.0%。母鹅就巢性强，一般年产两期蛋，每产 1 期，就巢 1 次，有就巢性的母鹅占 98.9%，其中一年就巢两次的占 92.1%。公鹅利用年限 3 ~ 4 年或更长，母鹅 4 ~ 5 年，优良者可利用 7 ~ 8 年。

（2）产蛋性能　产蛋多集中在 1 月及 4 月。1 月份开产第一期蛋的母鹅占 61%；4 月份开产第二期蛋的母鹅占 65%。因此，3 月、5 月分别为一期、二期鹅的出雏高峰，可见皖西白鹅繁殖季节性强，时间集中。一般母鹅年产两期蛋，年产蛋量 25 枚左右，约 3% ~ 4% 的母鹅可连产蛋 30 ~ 50 枚，称为"常蛋鹅"。平均蛋重 142 克，蛋壳白色。

（3）产肉性能　初生重 90 克左右，30 日龄仔鹅体重可达 1.5 千克以上，60 日龄达 3 ~ 3.5 千克，90 日龄达 4.5 千克左右，成年公鹅体重 6.12 千克，母鹅 5.56 千克。8 月龄放牧饲养且不催肥的鹅，其半净膛率和全净膛率分别为 79.0% 和 72.8%。

（三）雁鹅

1. 产地与分布

雁鹅是中国灰色鹅品种的典型。雁鹅产于安徽省西部的六安地区，主要分布于霍邱、寿县、六安、舒城、肥西等县。原产地的雁鹅逐渐向东南迁移，现在安徽的宣城、郎溪、广德一带和江苏西南的丘陵地区成了雁鹅新的饲养中心，通常称为"灰色四季鹅"。

2. 外貌特征

雁鹅体型较大，体质结实，全身羽毛紧贴。头部圆形略方，额上部有黑色肉瘤，质地柔软，呈桃形或半球形向上方突出；喙黑色、扁阔；胫、蹼多数为橘黄色，个别有黑斑，爪黑色；颈细长，胸深广，背宽平，有腹褶。

成年鹅羽毛呈灰褐色或深褐色，颈的背侧有一条明显的灰褐色羽带，体躯的羽毛从前向后由深渐浅，至腹部成为灰白色或白色；背、翼、肩及腿部羽毛皆为灰褐色羽镶白边的镶边羽，排列整齐。肉瘤的边缘和喙的基部大部分有半圈白羽。

3. 生产性能

成年公鹅体重 5.5~6.0 千克，母鹅 4.7~5.2 千克。70 日龄上市的肉用仔鹅体重 3.5~4 千克；半净膛屠宰率为 84%，全净膛屠宰率为 72% 左右。

公鹅 150 日龄达到性成熟。雁鹅的性行为有明显的季节性。据观察，成年公鹅在 5 月下旬性行为明显下降，6 月中旬至 8 月底基本没有求偶交配表现。母鹅在繁殖季节求偶交配，其他季节一般不接受交配。公、母配比 1：5，种蛋受精率 85% 以上，受精蛋孵化率 80% 左右。母鹅一般控制在 210~240 日龄开产。年产蛋量 25~35 枚。平均蛋重 150 克，蛋壳白色。产地群众说，雁鹅母鹅 1 个月下蛋，1 个月孵仔，1 个月复壮，一个季节一个循环，故把雁鹅称为"四季鹅"。

（四）浙东白鹅

浙东白鹅是浙江地区优良中型肉用型鹅种，是我国中型鹅中肉质较好的地方品种之一。

1. 外貌特征

体型中等，体躯长方形，全身羽毛洁白，有 15% 左右的个体在头部和背侧夹杂少量斑点状灰褐色羽毛。额上方肉瘤高突，呈半球形。随年龄增长，突起变得更加明显。无咽袋，颈细长。喙、胫、蹼幼年时呈橘黄色，成年后变橘红色，肉瘤颜色较喙色略浅，眼睑金黄色，虹彩灰蓝色。成年公鹅体型高大雄伟，肉瘤高突，鸣声洪亮，好斗逐人；成年母鹅腹宽而下垂，肉瘤较低，鸣声低沉，性情温顺。

2. 生产性能

（1）繁殖性能　母鹅开产日龄一般在 150 天。公鹅 4 月龄开始性成熟，初配年龄 160 日龄，公、母鹅配种比例 1 : 10，多的达 1 : 15。种蛋受精率 90% 以上，受精蛋孵化率达 90% 左右。公鹅利用年限 3 ~ 5 年，以第 2、3 年为最佳时期。绝大多数母鹅都有较强的就巢性，每年就巢 3 ~ 5 次，一般连续产蛋 9 ~ 11 枚后就巢 1 次。

（2）产蛋性能　一般每年有 4 个产蛋期，每期产蛋 8 ~ 13 枚，一年可产 40 枚左右。平均蛋重 149 克，蛋壳白色。

（3）产肉性能　初生重 105 克，30 日龄体重 1 315 克，60 日龄体重 3 509 克，75 日龄体重 3 773 克。70 日龄仔鹅屠宰测定，半净膛率和全净膛率分别为 81.1% 和 72.0%。经填饲后，肥肝平均重 392 克，最大肥肝 600 克，料肝比为 44 : 1。

（五）钢鹅

钢鹅又名铁甲鹅，是我国中型肉用鹅种。

1. 外貌特征

体型较大，头呈长方形，喙宽平、灰黑色，公鹅肉瘤突出，黑色，前胸开阔，体躯向前抬起，体态高昂。鹅的头顶部沿颈的背面直到颈下部有一条由大逐渐变小的灰褐色鬃状羽带，腹面的羽毛灰白色，褐色羽毛的边缘有银白色镶边。胫粗，蹼宽，呈橘黄色。

2. 生产性能

（1）繁殖性能　开产日龄 180 ~ 200 天。

（2）产蛋性能　年产蛋量 34 ~ 45 枚，平均蛋重 173 克，蛋壳白色。

（3）产肉性能　公鹅成年体重 5 千克，母鹅 4.5 千克。成年鹅屠宰率：半净膛，公鹅 88.5%，母鹅 88.6%；全净膛，公鹅 76.8%，母鹅 75.5%。

（六）扬州鹅（图 2 - 1）

扬州鹅是由扬州大学畜牧兽医学院联合扬州市农林局、畜牧兽医站及高邮、邗江畜牧兽医站等技术推广部门，利用国内鹅种资源协作攻关培育的一个新鹅种。

1. 产地与分布

属中型鹅种,具有遗传性能稳定、繁殖率高、耐粗饲、适应性强、仔鹅饲料转化率高、肉质细嫩等特点。主产于江苏省高邮市、仪征市及扬州市邗江区,目前,已推广至江苏全省及上海、山东、安徽、河南、湖南、广西等地。

2. 外貌特征

头中等大小,高昂。前额有半球形肉瘤,瘤明显,呈橘黄色。颈匀称,粗细、长短适中。体躯方圆、紧凑。羽毛洁白;绒质较好,偶见眼梢或头顶或腰背部有少量灰褐色羽毛的个体。喙、胫、蹼橘红色,眼睑淡黄色,虹彩灰蓝色。公鹅比母鹅体型略大,体格雄壮,母鹅清秀。雏鹅全身乳黄色,喙、胫、蹼橘红色。

3. 生长速度与产肉性能

初生体重94克,70日龄3 450克,成年公鹅5 570克,母鹅4 170克。70日龄平均半净膛屠宰率公鹅为77.30%,母鹅为76.50%;70日龄平均全净膛屠宰率公鹅为68%,母鹅为67.70%。

图2-1　扬州鹅

（七）马岗鹅

1. 产地与分布

产于广东省开平市。起源于该市马岗乡，分布于佛山、肇庆等地。

2. 外貌特征

马岗鹅以乌头、乌喙、乌颈、乌脚为其特征。公鹅体型较大，头大、颈粗、胸宽、背阔；母鹅体躯如瓦筒形，羽毛紧贴，背、翼基羽均为黑色，胸、腹羽淡白。初生雏鹅绒羽呈黑绿色，腹部为黄白色；胫、喙黑色。

3. 生产性能

在放牧饲养条件下，70 日龄体重可达 3.4 ~ 4 千克；在舍饲条件下，70 日龄上市体重可达 5 千克。半净膛屠宰率 85% ~ 88%，全净膛屠宰率 73% ~ 76%。皮薄、肉嫩、脂肪含量适度，肉质上乘。马岗母鹅 140 ~ 150 日龄开产。就巢性强，一年发生 4 次。每年有 4 个产蛋期，第一期为 7 ~ 8 月份，第二期为 9 ~ 10 月份，第三期为 12 月份至翌年 1 月份，第四期为 2 ~ 4 月末。年产蛋 35 ~ 40 枚。蛋重平均 150 克。公、母配种比例为 1 : 7，种蛋受精率 85% 左右，受精蛋孵化率 90% 左右。

五、国外中型鹅品种

（一）莱茵鹅

莱茵鹅原产于德国莱茵河流域的莱茵州，是中等偏小的肉用鹅种。

1. 外貌特征

体型中等偏小。初生雏背面羽毛为灰褐色，2 ~ 6 周龄，逐渐转变为白色，成年时全身羽毛洁白。喙、胫、蹼呈橘黄色。头上无肉瘤，颈粗短。

2. 生产性能

（1）繁殖性能　母鹅开产日龄为 210 ~ 240 天。公、母鹅配种比例 1 :（3 ~ 4），种蛋平均受精率 74.9%，受精蛋孵化率

80% ~85%。

（2）产蛋性能 年产蛋量为 50 ~ 60 枚，平均蛋重 150 ~ 190 克。

（3）产肉性能 成年公鹅体重 5 ~ 6 千克，母鹅 4.5 ~ 5 千克。仔鹅 8 周龄活重可达 4.2 ~ 4.3 千克，料肉比为（2.5 ~ 3）∶1，莱茵鹅能适应大群舍饲，是理想的肉用鹅种。产肝性能较差，平均肝重为 276 克。

（二）玛加尔鹅

1. 产地与分布

玛加尔鹅即匈牙利白鹅，体型中等。原产于匈牙利，现分布于多瑙河流域。在品种形成过程中主要受埃姆登鹅的影响，经几个世代杂交选育而成，近年来又导入了莱茵鹅的血统。该鹅种生活力强，肉用和肥肝性能均好。适合做杂交亲本。

2. 外貌特征

羽毛洁白，喙、趾、蹼橘黄色。分为平原地区型和多瑙河型两个地方品系。平原型的体型较大，多瑙河型的体型较小。

3. 生产性能

（1）产蛋与繁殖性能 年产蛋量 30 ~ 50 枚，蛋重 160 ~ 190 克。受精率与孵化率均较高。部分母鹅有就巢性。

（2）生长速度与产肉性能 成年公鹅体重 6 ~ 7 千克，母鹅 5 ~ 6 千克。适当填饲，肥肝重 500 ~ 600 克。肝色淡黄，肝的组织结构非常适于现代化生产。每年可拔毛 3 次，每只鹅可获 400 ~ 450 克高质量绒毛。

（三）奥拉斯鹅

1. 产地与分布

奥拉斯鹅即意大利鹅。原产于意大利北部地区，育种过程中，导入过中国鹅的血统，由派拉奇鹅改良育成。在欧洲分布甚广。

2. 外貌特征

全身羽毛白色，肌肉发达。

3. 生产性能

（1）产蛋与繁殖性能　年产蛋量 55～60 枚。公、母鹅配种比例为 1：（3～5）。种蛋受精率 85%，孵化率 60%～65%。

（2）生长速度与产肉性能　成年公鹅体重 6～7 千克，母鹅 5～6 千克。8 周龄体重 4.5～5 千克，料肉比（2.8～3）：1。与朗德公鹅杂交，其杂种一代填饲后，活重 7～8 千克，肥肝重 700 克左右。

六、小型鹅的品种

（一）豁眼鹅

豁眼鹅（图 2-2）原产于山东莱阳地区，因集中产区在五龙河流域，故曾名五龙鹅。在中心产区莱阳建有原种选育场。历史上曾有大批的山东移民移居东北，并将这种鹅带往东北，因而东北三省现已是豁眼鹅的分布区。以辽宁昌图饲养最多，俗称昌图豁鹅。在吉林通化地区，此鹅又被称为疤拉眼鹅。近年来，该品种在新疆、广西、内蒙古、福建、安徽和湖北等地也有分布。

图 2-2　豁眼鹅

1. 体型外貌

豁眼鹅又称豁鹅。体型轻小紧凑，全身羽毛洁白。喙、胫、蹼均为橘黄色，成年鹅有橘黄色肉瘤。眼三角形，眼睑淡黄色，两眼上眼睑处均有明显的豁口，为该品种独有的特征。虹彩蓝灰色。头较小，颈细稍长。公鹅体型较短，呈椭圆形，有雄相。母鹅体型稍长，呈长方形。山东的豁眼鹅有咽袋、腹褶者较少，即便有也较小。东北三省的豁眼鹅多有咽袋和较深的腹褶。豁眼鹅的雏鹅，绒毛黄色，腹下毛色较淡。

2. 生长和产肉性能

豁眼鹅的生长性能见表2-1。一般5月龄上市屠宰。此时活重3.25~4.5千克的公鹅，半净膛屠宰率和全净膛屠宰率分别为78.3%~81.2%和70.3%~72.6%；活重2.86~3.70千克的母鹅，则分别为75.6%~81.2%和69.3%~71.2%。

表2-1 豁眼鹅的生长性能 （单位：克）

年龄	公鹅体重	母鹅体重
初生重	70~77.7	68.4~78.5
30日龄	502~513.7	349.7~480
60日龄	1 387.5~1 479.9	884.3~1 523.3
90日龄	1 906.3~2 468.8	1 787.5~1 883.3
5月龄	3 250~4 510	2 860~3 700
成年鹅	3 720~4 440	3 120~3 820

（二）乌鬃鹅

1. 产地与分布

乌鬃鹅属小型灰色鹅种，因有一条由大渐小的深褐色鬃状羽毛带而得名，故又叫墨鬃鹅。原产于广东省清远市，故又名清远鹅。中心产区位于清远市北江两岸。以清远城区及邻近的佛冈县、从化市、英德市等地较多。该鹅体型虽小，但早熟，觅食力强，骨细、肉厚、肉味鲜美，肥育性能好，适于制作烧鹅，具有出肉率高、肉嫩多汁等特点，活鹅在港、澳特区销售，有较高声誉。

2. 外貌特征

乌鬃鹅体型较小，体质结实，头小，颈细，腿矮，羽毛紧凑。公鹅呈榄核形，肉瘤发达，雄性特征明显。母鹅呈楔形，脚矮小，颈细灵活，眼大适中，虹彩褐色。喙和肉瘤黑色，胫和蹼黑色。成年鹅的头部自喙基和眼的下缘起直至最后颈椎，有一条由大渐小的鬃状黑色羽毛带，颈部两侧的羽毛为白色，翼羽、扇羽和背羽乌褐色，并在羽毛末端有明显的棕褐色镶边。胸羽灰白色，尾羽灰黑色，腹尾的绒羽白色。在背部两侧，有一条起自肩部直至尾根的 2 厘米左右宽的白色羽毛带。在尾翼间未被覆盖部分呈现白色圈带。青年鹅的各部位羽毛颜色比成年鹅较深，喙、肉瘤、跖、蹼均为黑色，虹彩棕色。

3. 生产性能

（1）产蛋与繁殖性能 公鹅的性成熟较早，配种能力强，通常控制在 240 日龄才配种。母鹅开产日龄为 140 天左右，1 年分 4 个产蛋期，第一期在 7～8 月份，第二期在 9～10 月份，第三期为 11 月份至翌年 1 月份，第四期在 2～4 月份。平均年产蛋量 30 个左右，饲养条件好的可达 34.6 个。平均蛋重 144.5 克。蛋壳浅褐色。有很强的就巢性，每产 1 期蛋就巢 1 次，每期产 5～7 枚蛋，母鹅进行天然孵化。公、母鹅配种比例为 1：（8～10），种蛋受精率 87.7%，受精蛋孵化率 92.5%，雏鹅成活率 84.9%。公鹅可利用 3～4 年，母鹅 5～6 年。

（2）生长速度与产肉性能 在正常饲养条件下，雏鹅出壳重 95 克，30 日龄重 695 克，70 日龄重 2.58 千克，90 日龄重 3.17 千克。成年公鹅体重 3.42 千克，母鹅 2.86 千克。料肉比为 2.31：1。半净膛率公鹅 88.8%，母鹅 87.5%；全净膛率公鹅 77.9%，母鹅 78.1%。

（三）阳江鹅

1. 产地与分布

阳江鹅主产于广东省湛江地区阳江市，分布于邻近的阳春、电白、恩平、台山等市、县及江门、韶关、湛江，海南、广西也有分布。目前，广东省阳江市建有保种繁育场。

2. 品种特征

阳江鹅体型中等，行动敏捷。公鹅头大颈粗，躯干略呈船底形，雄性特点明显。母鹅头细颈长，躯干略似瓦筒形，性情温顺。从头部经颈向后延伸至背部，有一条宽约 1.5~2 厘米的深色毛带，故又叫黄鬃鹅。头形有"麻雀头"和"手虾头"两种，前者较大，后者较为细长，一般公鹅的头比母鹅的大，头顶有肉瘤，公鹅尤为发达。在胸部、背部、翼尾和两小腿外侧为灰色毛，毛边缘都有宽 0.1 厘米的白色银边羽。从胸两侧到尾椎，有一条像葫芦形的灰色毛带。除上述部位外，均为白色羽毛。在鹅群中，灰色羽毛又分黑灰色、黄灰色、白灰色等。眼大有神，虹彩红黄色中带灰色。喙、肉瘤黑色，喙端有一坚硬发达的喙豆，公鹅的喙豆稍弯。颈细长。胫、蹼为黄色、黄褐色或黑灰色。成年公鹅体重 4.2~4.5 千克，母鹅 3.6~3.9 千克。阳江鹅对南方高温、高湿的环境有良好的适应性，耐粗饲，易肥育，抗病力强。

3. 生产性能

（1）肉用性能 该鹅在舍饲条件下，仔鹅 9 周龄体重 2.6~3.1 千克，70 日龄肉用公仔鹅平均半净膛屠宰率 83.4%，母仔鹅 83.8%。肉质鲜美。

（2）繁殖性能 阳江鹅性成熟早。公鹅 70~89 日龄就开始爬跨，母鹅在 150~160 天开产，配种适龄在 160~180 天，就巢性强，年就巢 4 次，每次就巢 20~25 天。自然情况下，每年 7 月至次年 4 月为产蛋季节，年产蛋 4 期，年平均产蛋量 26~36 枚。平均蛋重 145 克左右，平均蛋形指数 1.38。蛋壳白色，个别的为淡青色。公、母配比为 1：（5~7），受精率为 89%，受精蛋孵化率91%。

4. 用途

阳江鹅生长速度较快，可进行系统选育，培育生产肉鹅的亲本品系。

（四）长乐鹅

长乐鹅是我国小型肉用鹅种。

1. 外貌特征

成年鹅昂首曲颈，胸宽而挺。公鹅肉瘤高大，稍带棱脊形；母鹅肉瘤较小，且扁平，颈长呈弓形，蛋圆形体躯和高抬而丰满的前躯，无咽袋，少腹褶。绝大多数个体羽毛灰褐色，纯白色仅占5%左右。灰褐色的成年鹅，从头部至颈部的背面，有一条深褐色的羽带，与背、尾部的褐色羽区相连接；颈部腹侧至胸、腹部呈灰白色或白色，颈部的背侧与腹侧羽毛界限明显。有的在颈、胸、肩交界处有白色环状羽带。喙黑色或黄色；肉瘤黑色、黄色或黄色带黑斑，皮肤黄色或白色，胫、蹼橘黄色；虹彩褐色或蓝灰色。纯白羽的个体，喙、肉瘤、蹼橘黄或橘红色，虹彩蓝灰色。长乐鹅群中常见灰白花或褐白花个体，这类杂羽鹅的喙、肉瘤、胫、蹼常见橘红带黑斑，虹彩褐色或灰蓝色。

2. 生产性能

（1）繁殖性能 性成熟7月龄，公、母鹅配种比例1：6。种蛋受精率80%以上，就巢性较强。母鹅利用年限一般为5～6年，个别的可长达8～10年。

（2）产蛋性能 一般年产蛋2～4窝，平均年产蛋量为30～40枚。平均蛋重为153克，蛋壳白色。

（3）产肉性能 成年公鹅体重3.3～5.5千克，母鹅3～5千克。60日龄仔鹅体重2.7～3.5千克，70日龄3.1～3.6千克。70～90日龄肉鹅半净膛率81.78%，全净膛率68.67%，长乐鹅经填肥23天后，肥肝平均重为220克，最大肥肝重503克。

（五）籽鹅

1. 产地与分布

籽鹅集中产区为黑龙江省绥化市和松花江地区。其中以肇东、肇源、肇州等县最多，黑龙江省各地均有分布。吉林省农安县一带也有籽鹅分布。籽鹅因产蛋多而得名，是世界上少有的产蛋量高的鹅种。

2. 外貌特征

籽鹅全身羽毛白色，一般有顶心毛，肉瘤较小。体型轻小，紧凑，略呈长圆形。有咽袋，但较小。喙、胫、蹼皆为橙黄色，虹彩为灰色。

3. 生产性能

成年公鹅约4.5千克，母鹅约3.5千克。60日龄公鹅体重约3.0千克，母鹅2.8千克。70日龄籽鹅半净膛屠宰率78.02%~80.19%，全净膛屠宰率69.47%~71.30%。

母鹅开产日龄为180~210天。公、母配种比例1：（5~7）。年产蛋量达100枚以上。平均蛋重131.3克，蛋壳白色。种蛋受精率85%以上，受精蛋孵化率90%左右。

（六）闽北白鹅

闽北白鹅是我国中小型肉用鹅种。

1. 外貌特征

全身羽毛洁白，喙、胫、蹼均为橘黄色，皮肤为肉色，虹彩灰蓝色。公鹅头顶有明显突起的冠状皮瘤，颈长胸宽，鸣声洪亮。母鹅臀部宽大丰满，性情温顺。雏鹅绒毛为黄色或黄中透绿。

2. 生产性能

（1）繁殖性能 母鹅开产日龄150天左右。公鹅7~8月龄性成熟，开始配种。公、母鹅配种比例1：5，种蛋受精率85%以上，受精蛋孵化率80%。

（2）产蛋性能 1年产蛋3~4窝，每窝产蛋平均8~12枚，年平均产蛋 30~40 枚。平均蛋重 150 克以上，蛋壳白色。

（3）产肉性能　成年公鹅体重 4 千克以上，母鹅 3~4 千克。在较好的饲养条件下，100 日龄仔鹅体重可达 4 千克左右，肉质好。公鹅全净膛率 80%，胸、腿肌占全净膛分别为 16.7% 和 18.3%。

第三章　鹅场与鹅舍的建设

鹅场建筑与设施一是要求尽可能满足鹅的生理特点需要，使其繁殖、生长等性能得以充分发挥；二是要便于饲养管理，提高工作效率。所以，在鹅场建筑与设施选择上要考虑当地环境条件、鹅的生产目的、饲养规模和饲养方式等综合因素，因地制宜做好计划，以达到降低生产成本，提高养鹅效益的目的。

第一节　场址选择

鹅场的位置很重要，一定要选择好位置。因为肉鹅场的主要任务是为城镇居民提供新鲜的蛋和鹅肉，因此，既要考虑服务方便，又要注意城镇环境卫生，还要考虑场内鹅群的卫生防疫。

一、濒临水面

鹅场不宜离水源太远，鹅舍前需建有水陆相连的运动场，便于鹅群的早晚沐浴、嬉水。水面尽量宽阔，水深在 1 米左右，最好是缓缓而动的流动水体。

规模较大的养殖场，最好是选有多个池塘的环境，在塘基上建棚，设运动场，而池塘则成为鹅棚间有效的隔离带，水体可以调节附近环境的小气候，利于鹅群生长和疫病防控。

二、水质良好，水源充足

鹅场附近应没有屠宰场和排放污水的工厂，一般离居民点 10~20 千米为宜，种鹅场可离城镇远一些。尽可能在工厂和城镇的上游建场，以保证水质干净。同时，水源要充足，甚至干旱季节，也不能断水。

三、草源丰富

丰富的草源是降低鹅的饲料成本，提高生产性能的基础。鹅场附近能有充裕的牧草生产地，使供应的鹅青绿饲料有保障。如在鹅场周边有果园、荒滩、草地等条件，则更有利于鹅的放牧，可节省饲料，降低成本，还能做到农牧结合。

四、地势高燥

场址宜地势高燥、平坦或缓坡，南向或东南向为佳，最好向水面倾斜5°~10°，以利排水。排水不良、易遭水淹的低洼地绝对不能建造鹅场。土质以透水性好的沙壤土为宜。

五、交通方便

考虑到饲料、成鹅、雏鹅等的运输和出售，鹅场不宜太偏僻，应在交通较为便利的地方。但不能紧靠车站、码头或交通要道（公路、铁路），否则不利于防疫卫生，而且环境不安静，影响鹅的休息和产蛋。在远离村落民居的同时，应有一条足够宽度的道路通往鹅场，以便于饲料、鹅只上市及鹅苗供应等运输。

六、鹅场周围的自然环境

鹅的胆子较小，警惕性较高，突然的巨响、嘈杂的汽车、拖拉机声及人声都会引起鹅群的惊扰和不安，以致影响鹅的生长及产蛋、配种及孵化。鹅场的周围还应有树木遮阳，尤其是盛夏季节，鹅不耐高温，气候酷热，阳光直射会引起鹅的中暑。

七、其他

电是现代养鹅场不可缺少的动力，无论是照明还是孵化。大型养鹅场除要求供电充足外，还必须有自己的备用发电设备。

鹅舍的建筑还应考虑安全问题，谨防兽害等。

第二节 鹅场的分区与布局

一、鹅场的分区

为了便于生产管理、确保防疫效果，应根据鹅场各部分的职能分工不同进行分区管理。不同规模的鹅场，其功能分区也不一样。对于大规模鹅场，分区要细，一般可以分为职工生活区、行政管理区、生产管理区、核心生产区和粪污处理区等5部分。而小型鹅场，分成生活区和生产区两个部分就可以了。

1. 职工生活区

主要包括宿舍、食堂以及文化娱乐等其他生活服务设施和场所。

2. 行政管理区

主要包括办公室、会议室、资料室、财务室和门卫室等。

3. 生产管理区

主要包括各种库房（饲料库、饲料加工车间、产品库、车库及其他材料库），水电供应区（配电室、水塔、锅炉房），机修车间，兽医室和相应的辅助设施（消毒、更衣室等）。

4. 核心生产区

主要包括各类鹅舍（育雏舍、肥育舍、种鹅舍），孵化区（蛋库、孵化室）和相应的辅助设施（消毒、更衣室等）。生产鹅肥肝的鹅场，还应有填饲车间、屠宰车间和冷库。

5. 粪污处理区

主要包括粪污处理池、病鹅隔离舍和死鹅处理设施等。

二、鹅场的布局

鹅场布局要考虑各类鹅舍和粪污处理的顺序，合理利用风向和地势，达到分区、隔离、不交叉的目的。养鹅场一般分为职工生活区、行政区、生产管理区、核心生产区、病鹅饲养区和粪污处理区，要根据鹅场所处地势高低和主导风向，将各类房舍依防疫要求进行合理安排（图3-1）。一般将饲养员宿舍、仓库、食堂放在最外侧的一端，以便于饲料、产品的运输和装卸；将鹅舍放在最里端，以免外来人员随便出入。将种鹅舍与自然孵化室相连，接下去是育雏舍（要求在上风干燥处），育成、育肥舍相邻，育成结束后可直接迁至育肥舍。粪污处理区处于最下风处。

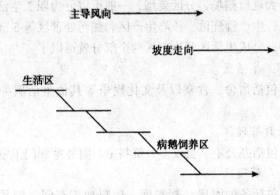

图 3-1 鹅场按地势、风向分区规划示意图

三、鹅舍设计的原则与屋顶的样式

（一）鹅舍设计的原则

鹅舍是鹅生活、栖息、生长和繁殖的场所，应考虑以下几点因素。

1. 保温隔热性能好

保温性是指鹅舍内热量损失少，以让鹅在冬季不感到十分寒冷，以利于鹅生长和种鹅在春季提前下蛋。隔热性是指夏天舍外高温不易辐射传入舍内，使鹅感到凉爽，从而提高鹅的生长速度和产蛋量。

2. 便于采光

舍内充足的光照是养好种鹅的一个重要条件。光照可促进鹅新陈代谢，促进种鹅的性发育。如光照强度和时间不足，则要补充人工光照。朝南的鹅舍有利于自然采光。

3. 通风

鹅舍内通风要良好，以降低舍内污浊空气含量，减少发病。

4. 利于防疫消毒

鹅舍内地面和墙壁要光洁，便于清洗、消毒，同时留好下水口，以利污水排出。

5. 密闭性好

鹅舍密闭性好可以防止鼠猫等敌害的侵入和冬天寒风的侵袭。

（二）鹅舍屋顶的式样

可根据鹅场的性质、要求和建设者的爱好等因素，选择适宜于自己的式样，目前养殖户多采用单坡式或双坡式。

1. 单坡式

单坡式结构的鹅舍，跨度小，用材较少，经济适用，阳光充足，雨水后流，前面容易保持干燥，因为前面多设有运动场。这种结构的鹅舍，室温易受外界气温的影响。

2. 双坡式

双坡式的跨度较单坡式大，但因建筑材料的限制，又不能造得过大，是目前应用较广的一种禽舍，但舍内采光和通风较单坡式禽舍稍差。

四、鹅舍的构成与设计

根据生产目的和鹅的种类，鹅舍可以分为育雏舍、肥育舍和种鹅舍。不同的鹅舍，建筑要求和设计也不相同。

1. 育雏舍

总体要求是防寒保暖，地面干燥，通风良好，地势平坦。

第一，育雏舍的保温性能要好，墙体要厚实，屋顶要加保温隔热层，冬季不仅要防止西北风侵袭，还要在舍内放置供温设备（例如煤炉）或安装地火龙来增加舍内温度。

第二，育雏舍内地面可用砖地面或水泥地面，也可以用沙土铺平压实或用黏土铺平夯实，舍内地面应比舍外地面高 25～30 厘米。

第三，育雏舍要保持良好的通风和光照，舍内分隔成几个圈栏，每一圈栏面积为 10～12 平方米，容纳的雏鹅在 100 只左右，不宜太多。舍内窗户面积与舍内地面面积之比为 1：（10～15），窗户下沿与地面的距离为 1～1.2 米，鹅舍屋檐高 1.8～2 米，便于通风和采光。

第四，舍前应设运动场和水浴池，运动场应平坦并缓缓向水面倾斜，便于雏鹅活动和排水；运动场宽度为 3.5～6 米，长度与育雏舍长度一样。水浴池不宜太深，且应有一定的坡度，便于雏鹅浴水时站立休息。

2. 肥育舍

总体要求是就地取材，因陋就简，挡风避雨，能避兽害。

第一，肥育舍要就地取材，甚至不用专门建造，可以利用闲置的普通房屋，也可以搭建简易的棚舍，能挡风避雨、预防兽害即可。

第二，棚舍为敞棚单坡式，宽度为 5 米，长度可根据所养鹅群大小而定。前高后低，朝向东南，后檐高约 0.5 米，后檐墙可用砖或土坯砌成，防止北风侵袭。前檐高约 1.8 米，应有 0.5 米高的砖墙，每隔 4 米留 1 个宽 1.2 米的出口，便于鹅群进出。屋顶可用石棉瓦、水泥瓦或草席建造。鹅舍两侧可砌至屋顶，也可仅砌成与后檐一样高的砖墙。舍内地面应平坦干燥，舍前应有陆上运动场，且与水面相连，便于鹅群入舍休息前活动及嬉水。

第三，舍内可设单列式或双列式棚架，用竹片围成栅栏，围栏高 0.6～0.8 米，竹片间距为 5～6 厘米，以利于鹅伸出头来采食和饮水。围栏外两侧分别设置料槽和饮水槽。料槽高 20～25 厘米，上宽 25～30 厘米，底宽 20～25 厘米；饮水槽高 12～15 厘米，宽 20～25 厘米。双列式围栏应在两列间留出通道，料槽则在通道两边。围栏内应隔成小栏，每栏 10～15 平方米，可容肥育鹅 70～90 只，以不过度拥挤为宜。围栏圈底可用竹片架高，离地面 60～70 厘米。棚底竹片之间有 3 厘米宽的空隙，便于漏粪。每天打扫 1 次粪便，保持舍内清洁卫生。也可不用棚架，鹅群直接养在地面，但需常更换垫草，并保持舍内干燥。

第四，为了防止兽害，可将肥育舍周围用栅栏围起来。舍内光线保持暗淡，减少肥育鹅的活动，加快肥育速度。

3. 种鹅舍

总体要求是地面干燥，冬暖夏凉，便于生产（图3-2）。

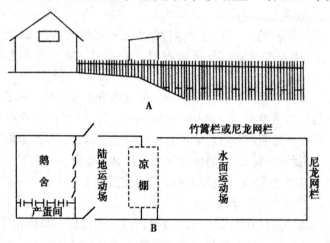

A. 侧面图；B. 平面图

图3-2　种鹅舍侧面及平面示意图

第一，舍檐高度1.8～2.5米，南面为窗户，窗户面积与舍内地面面积之比为1：（10～12），气候温和的地区南面可以无墙、完全敞开。舍内地面可用水泥沙浆抹平，也可以用黏土铺平夯实，地面应比舍外高15～20厘米，以保证舍内干燥。每平方米可容纳中、小型鹅3～4只，大型鹅2只。

第二，舍内一角用围栏隔1个产蛋间，地面铺上柔软的垫草。

第三，舍外设置陆上运动场和水上运动场，陆上运动场宽度与鹅舍宽度相等，长度为鹅舍长度的1.5～2倍。水上运动场的长度为陆上运动场的3～4倍。陆上运动场可采用水泥地面，并逐渐向水面方向倾斜，便于排水。陆上运动场应连接水上运动场，陆上运动场及水上运动场周围应设置尼龙网围栏，围栏高1～1.2米。

第四，运动场周围应种植树木，防止鹅群受酷暑的侵扰，或在陆上运动场与水上运动场交界处搭建凉棚，供种鹅雨天活动、采食饮水和炎热夏季乘凉。

五、种鹅的行为与产蛋

1. 就巢行为与产蛋

我国许多鹅种在产蛋期间都表现不同程度的就巢性（抱性）。如果发现母鹅有就巢表现时，应及时隔离，关在光线充足、通风凉爽的地方，只给饮水不给料，2～3 天后可喂一些干草粉、糠麸等粗饲料和少量精料，使其体重不至于过于下降，醒抱后能迅速恢复产蛋。我国少数鹅种（四川白鹅）尽管没有抱性，但在产蛋期间有时也表现恋窝的习性，因此，在产蛋期间发现有恋窝的母鹅时，应将此母鹅驱逐出其产蛋窝，白天不让其回到窝内，经过5～7 天的驱赶后，又能正常产蛋。

2. 产蛋行为与集蛋

母鹅产蛋具有择窝产蛋的习惯，自己产蛋窝一旦固定下来，就很难让母鹅改变。当自己的产蛋窝位被其他鹅占领时，如为弱势母鹅，则卧于窝边等待，直至占领者离去才入窝产蛋，所以常发生蛋产于窝边的情况；如为强势母鹅，则叼啄占领者，直至其腾挪开为止。因此，在产蛋鹅舍内应设置产蛋箱或产蛋窝，以便让母鹅在固定的地方产蛋。开产时可有意训练母鹅在产蛋箱（窝）内产蛋。母鹅的产蛋时间大多数集中在下半夜至上午 10 时左右，个别鹅在下午产蛋。因此，产蛋鹅在 10 时前不能放牧，在鹅舍内补饲，产蛋结束后再外出放牧，而且上午放牧的场所要尽量靠近鹅舍，以便部分母鹅回窝产蛋。这样可减少母鹅在野外产蛋而造成种蛋丢失和破损。

3. 种鹅性行为与繁殖

选择强壮、健康、具有较强性活动的种公鹅，可以提高交配成功率，其后代繁殖力也高。公鹅应选择体大毛纯，厚胸，颈、脚粗长，两眼有神，叫声洪亮，行动灵活，具有雄性特征的公鹅；手执公鹅的颈部提起离开地面时，公鹅两脚做游泳样猛烈划动，同时两翅频频拍打。对那些一天和十几只母鹅交配或每天仅与一只母鹅反复交配的公鹅应予淘汰。母鹅的选择：母鹅应外貌清秀，前躯深宽，臀部宽而丰满，肥瘦适中，颈细长，眼睛有神，脚掌小，两脚距离宽，尾毛短且上翘，全身被毛细而密实。所以种鹅每年都应有计划地更新换代，以提高其受精率。

在一天中，早晨和傍晚是种鹅交配的最高潮。据测定，鹅的早晨交配次数占全天的 39.8%，下午占 37.4%，早晚合计 77.2%。健康种公鹅上午能交配 3~5 次，因此，在种鹅群的繁殖季节，应充分利用早晨放水和傍晚收牧放水的有利时机，使母鹅获得配种机会，以提高种蛋受精率。每天至少给种鹅放水配种 2 次，所以在早上出圈和晚上归宿前，应让鹅群有较长时间的水上运动，为鹅提供更多的交配机会。

4. 异常行为与疾病

异常行为是动物对外界环境刺激所做出的不良应答。应激反应的过程一般可分为警备期、抵御期和衰竭期 3 个阶段，视个体强弱、应激因素轻重和各阶段长短而异，当抵御成功，便获得适应，进入恢复期；如果应激因素强且作用时间长，不能抵御时，便机能衰竭，直至死亡。应激理论近年来已被普遍使用于养禽业。生活环境中存在着无数种应激因素，如恐惧、惊吓、斗殴、临危、兴奋、拥挤、驱赶、气候变化、设备变换、停电、照明和饲料改变、大声吆喝、粗暴操作、随意捕捉等。所有这些应激都会影响鹅的生长发育和产蛋量。因此，在养鹅生产中，养鹅者应尽量避免养鹅环境的改变，尽量减少因应激所带来的不利影响。饲料中添加维生素 C 和维生素 E 有缓解应激的作用。

六、鹅舍的设备

(一) 保温育雏设备

1. 加温育雏设备

这类设备按供温方式的不同，可分为保温伞、电热丝、红外线灯、煤炉、火炕、烟道、暖气管、热水管等。这类设备的优点：可用于较大规模的育雏，不受季节限制，劳动强度较低。缺点是育雏费用较高。

（1）保温伞　又称保姆伞。形状像一只大木斗，上部小，直径为 8~30 厘米；下部大，直径为 100~120 厘米；高 67~70 厘米。外壳用铁皮、铝合金或木板（纤维板）制成双层，夹层中填充玻璃纤维（岩棉）等保温材料（图 3-3）。外壳也可用布料制成，内侧涂布一层保温材料，制成可折叠的伞状。保温伞内用电热丝或远红外线加热板供温。国外也有用燃烧煤气或液化石油气的方式供热升温。伞顶或伞下装有控温装置，在伞下还装有照明灯及辐射板。在伞的下缘留有 10~15 厘米间隙，让雏鹅自由出入。这种保温伞每台可养初生雏鹅 200~300 只。冬季气温较低，在使用保姆伞的同时应注意提高舍温。

图 3-3　电热育雏保温伞

（2）煤炉　采用类似火炉的进风装置，进气口设在底层，将煤炉的原进风口堵死；另装一个进气管，其顶部加一小块玻璃板，通过玻璃板的开启来控制火力，调节温度。炉的上侧装有一排气烟管，通向舍外（图 3-4）。此法多用来提高舍温。使用煤炉时务必注意通气，防止一氧化碳中毒。

（3）红外线灯　在舍内直接使用红外线灯泡加热。常用的红外线灯泡为 250 瓦，使用时可等距离排列，也可 3~4 个红外线灯泡构成一组（图 3-5）。第一周龄，灯泡离地面 35~45 厘米，随雏龄增大，逐渐提高灯泡高度。用红外线灯泡加温，温度

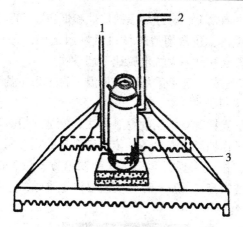

1. 进气孔；2. 排气孔；3. 炉门

图3-4 煤炉育雏伞

稳定，室内垫料干燥，管理方便，节省人力。但红外线灯耗电量大，灯泡易损坏，成本较高，供电不正常的地方不宜使用。

图3-5 红外线保温灯

（4）烟道 有地下烟道（即地龙）和地上烟道（即火龙）两种。由炉灶、烟道和烟囱3部分组成。地上烟道有利于发散热量，地下烟道可保持地面平坦，便于管理。烟道要建在育雏舍内，一头砌有炉灶，用煤或柴草做燃料，另一头砌有烟囱，烟囱要高出屋顶 1 米以上，通过烟道把炉灶和烟囱连接起来，把炉内热气导入烟道内。建造烟道的材料最好用土坯，有利于保温吸热。我国北方农村所用火炕也属地下烟道式。

除上述方法外，还可采用火炕加温、育雏笼加温等方法。

2. 自温育雏设备

这是我国农村群众常用的育雏方法，就是利用塑料薄膜、箩筐或芦席围子作挡风保温设备，依靠鹅自身的热量相互取暖，并通过覆盖物的掀盖来进行调温。这种调温方式设备简单，成本低，但技术要求高（图 3 - 6）。实施自温育雏时，应注意定时喂水、喂料（图 3 - 7）。

图 3 - 6　纸箱自温育雏

图 3 - 7　定时喂水、喂料

（二）喂料器和饮水器

要根据鹅的生物学特性和不同日龄选用不同型号和规格的喂

料器和饮水器。喂料器包括料盘、料桶。饮水器包括长流水式、真空吊培式、自动饮水器等多种类型。要求所用喂料器、饮水器适于鹅的平喙型采食、饮水特点，能使鹅头颈舒适地伸入料、水器内采食和饮水，但最好不要使鹅任意进入料、水器内。其形式和规格可因地而异，既可购置专用饮水器、喂料器，或自行制作料槽和水槽，也可用木盘或瓦盆代用，用自制设备时，周围要用竹条编织围起，以免鹅进入槽内。

（三）软竹围和围栏

软竹围可圈围 30 日龄以下的雏鹅，竹围高 40～60 厘米，圈围时可用竹夹子夹紧固定。1 个月龄以上的中鹅改用围栏，围栏高 60 厘米，竹条间距离 2.5 厘米，长度依需要而定。

（四）产蛋巢或产蛋箱

一般生产鹅场多采用开放式产蛋巢，即在鹅舍一角用围栏隔开，地上铺以垫草，让鹅自由进入产蛋和离开。良种繁殖场作母鹅个体产蛋记录，可采用自动关闭产蛋箱。箱高 50～70 厘米，宽 50 厘米，深 70 厘米。箱放在地上，箱底不必钉板，箱上面安装盖板，箱前板设一个活动自闭小门，让母鹅可进箱产蛋，母鹅进入产蛋箱后不能自由离开，需集蛋者在记录后，再将母鹅提出或打开门放出鹅。

（五）运输笼

用作育肥鹅的运输，铁笼或竹笼均可，每只笼可容 8～10 只，笼顶开一小盖，盖的直径为 35 厘米，笼的直径为 75 厘米，高 40 厘米。

（六）其他设备及用具

除上述介绍的养鹅设备及用具外，依鹅场选择的饲养管理方式不同有不同的设备如通风设备、清粪设备、消毒设备、传统孵化设备和机械孵化设备、填饲机具（包括手动填饲机和电动填饲机）、饲料加工机械以及屠宰加工设备等。

第四章 肉鹅的繁殖技术

第一节 肉鹅的生殖系统与繁育特点

一、肉鹅的生殖系统

(一)公鹅的生殖器官

公鹅的生殖器官由睾丸、附睾、输精管和阴茎组成。

睾丸有一对,左右对称,位于腹腔内,以睾丸系膜悬挂于两侧肾脏的前方,呈豆形,左侧比右侧稍大。睾丸由许多弯曲的精细管构成,性成熟时在精细管内形成精子,精细管相互汇合,最终形成输出管,若干输出管盘曲而形成附睾。精细管之间还分散大量的间质细胞,分泌雄性激素,促使鹅的第二性征出现,如肉瘤长大,体格高大,鸣声洪亮。

输精管是一弯曲的长管,是精子的主要储存场所。附睾管出附睾后延续为弯曲的输精管,沿脊柱两旁向后行并逐渐变粗,中途与输尿管并行,最后开口于泄殖腔,末端形成射精管。

阴茎为公鹅的交配器官,平时缩入泄殖腔壁内,在交配时勃起而伸出肛门外,主要由大螺旋纤维淋巴体,小螺旋纤维淋巴体和黏液腺构成。在大、小螺旋淋巴体之间,形成螺旋形排精沟,深约 0.2 厘米。当淋巴体内充满淋巴液时,阴茎勃起,排精沟两侧缘上的乳头相互交错,紧密嵌合,形成暂时性的封闭管道,精液由此道射出。鹅的阴茎长 6~8 厘米,阴茎在性成熟前数周迅速发育。

(二)母鹅的生殖器官

母鹅的生殖器官有卵巢和输卵管,仅左侧的生殖器官具有繁殖机能，右侧卵巢和输卵管在孵化期间就已停止发育。

1. 卵巢

卵巢位于腹腔左肾前端，卵巢由富含血管的髓质部和含有无数卵泡的皮质部组成，皮质部则由含卵细胞的卵泡组成，卵细胞就在卵泡里发育生长。卵巢的基础是由结缔组织、间质细胞、血管和神经组成的髓质部。

卵巢的功能是产生卵子和雌性激素。卵巢的结缔组织较少。由于卵泡突出于卵巢表面，而呈结节状。临近性成熟时，卵巢活动强烈，卵泡因细胞内营养物质的累积而逐渐达到成熟。成熟的卵泡以其柄与卵巢相连，并全部突出于卵巢表面，呈葡萄状。

2. 输卵管

输卵管是输送卵细胞的生殖管道，长而弯曲，以背侧韧带悬挂于腹腔顶壁，腹侧韧带大部分游离，游离端短而厚，特别是在后部，内含有平滑肌，前端借腹膜褶与卵巢相连，后端开口于泄殖腔。产蛋期间输卵管明显增大，在停产期间则明显缩小。根据输卵管的结构和功能，由前向后，可将输卵管分为以下 5 部分。

（1）漏斗部　管壁很薄，前端扩大成喇叭形，是输卵管的起始部分。漏斗部周围的伞形褶皱有利于接纳从卵巢上排出的卵细胞。当卵巢未排卵时，此部处于静止状态，在卵细胞释放时，此部就活跃起来。卵子多是在输卵管腹腔口处受精。

（2）膨大部　又叫蛋白分泌部。此部是输卵管最长的部分，黏膜较厚，褶皱多。黏膜内具有排列紧密的分支管状腺，分泌物形成蛋白。

（3）峡部　是分泌角蛋白的一段，管径较小，峡部较细短，管壁较薄，黏膜褶皱较窄。当卵通过此部时，腺体分泌物形成蛋的内外壳膜。

（4）子宫部　是输卵管最膨大的部分。肌层厚，黏膜褶长而复杂，腺体狭小，又称壳腺，直接开口于子宫部管腔。腺体分泌碳酸钙、碳酸镁形成蛋壳，还分泌子宫液和壳上的胶护膜，以及有色蛋壳的色素。水分和盐类能透过壳膜入内，并形成稀蛋白。

（5）阴道部　是输卵管的最后一段，比较短，平时折曲呈"S"状，开口于泄殖腔背壁的左侧。阴道部的环形肌发达，大部分黏膜无腺体，褶皱较其他部分细。在与子宫部连接的区域内，有为数不多的阴道腺，又叫阴道小凹。交配后精子储存于此处。卵在子宫部已形成完整的蛋，到达阴道部时等待产出。当蛋产出时，阴道泄殖腔翻出，因此，蛋产出时，蛋不经过泄殖腔。

二、肉鹅的繁育特点

（一）季节性强

鹅的产蛋具有明显的季节性。母鹅从当年的秋季开始（9月份）到翌年的春末（5月份）为其产蛋繁殖季节。在气温较高、日照时间长的6~8月份，母鹅则进入休产期，一些大型鹅种的休产时间达6个月，减少鹅的休产期是提高鹅产蛋量的关键。

（二）择偶性

公、母鹅有固定交配的习性。有的鹅群中有40%的母鹅认定与1只公鹅和22%的公鹅认定与1只母鹅交配。有的鹅失去配偶后，表现出极度的忧郁，甚至绝食，直至死亡也不另择配偶，鹅的这一择偶特性，是导致鹅群受精率低的重要原因。

（三）就巢性

鹅的就巢性（即抱性）也是增加休产时间的一个重要方面。我国大多数鹅种都有很强的就巢性。这是导致种鹅产蛋量较低的重要原因。在我国鹅种中只有四川白鹅、豁眼鹅、太湖鹅和籽鹅几乎没有就巢性，仅一些个体有较弱的就巢性。

（四）性成熟晚

家禽中，鹅的寿命最长，存活年龄可达20年以上。鹅的性成熟时间较其他家禽晚，中型鹅种一般要7个月，大型鹅种则更迟一些。

第二节　种鹅的选择和选配

一、成鹅的选择

（一）成年鹅的选择

1. 种公鹅

公鹅要求生长发育好，鸣声洪亮，体大脚粗，肉瘤光滑显凸，羽毛紧凑，采食力强，性欲旺盛，配种力强，精液品质好，雄性特征显著，体重和外貌符合品种要求。

2. 种母鹅

母鹅要求颈短身圆，眼亮有神，性情温顺，觅食力强，身体健壮，羽毛紧密，前躯较浅，后躯较宽，臀部圆阔，腹大略下垂，脚短而匀称，尾短上翘，品种特征明显，体重符合品种要求，产蛋率高，种蛋重和外形一致，受精率和孵化率高。

（二）选择比例

1. 母鹅群年龄结构

一般鹅群中 1 岁母鹅占 60% ~ 70%，2 岁母鹅占 20% ~ 30%。

2. 公、母比例

大型种 1：（3 ~ 4），中型种 1：（4 ~ 5），小型种 1：（6 ~ 7）。

（三）种鹅的运输

采用封闭式笼具运输鹅，以防止逃逸。运输前鹅要经兽医人员检疫，并喂镇静药物，以防受惊。夏天每笼装 5 ~ 10 只，冬天可多装些。装车时在两层笼间铺一层纸，防止上层粪便落到下层鹅身上，最上层用麻袋罩好，以免光线太强，引起鹅兴奋。

运输途中经常检查温度是否过高或有无贼风，防止风直接吹到鹅身上，同时也注意通风透气。运输时间以不超过 36 小时为度，司机最好在车内带足食品和饮水，以减少停车时间。车辆最好用厢式货车，既防雨又防寒，能通风换气。鹅运达目的地后，立即入笼架内饲喂，如受风寒饮用庆大霉素水，每只用3 000单位，每天2次，连用3天。

二、雏鹅的选择

雏鹅应来源于健康和高产的种鹅所产生的后代。

（一）育雏季节的选择

采用关养或圈养方式、依靠人工喂给饲料的，原则上一年四季可饲养，但四季引种是有区别的。

1. 春雏

3月下旬至5月份饲养的雏鹅为春雏。这个时期育雏的天气比较冷，要注意保温。但是育雏期一过，天气日趋变暖，自然饲料丰富，此阶段饲养的鹅不但生长快，开产早，而且可以节省饲料。

2. 夏鹅

从6月上旬至8月下旬饲养的雏鹅为夏鹅。这个时期的特点是气温高，雨水多，气候潮湿，雏鹅育雏期短，不需要保温，可节省大量的育雏和保温费用。夏鹅开产早，当年可以见效益。但是，夏鹅的前期气候闷热，管理上较困难，要注意防潮湿、防暑和防病工作。开产前，要注意补充光照。

3. 秋鹅

从8月中旬至9月饲养的雏鹅为秋鹅。此期的特点是秋高气爽，气温由高到低逐渐下降，是育雏的好季节。秋鹅的育成期正值寒冬，气温低，要注意防寒和适当补料。

（二）雏鹅的选择

在出壳的健雏中选留绒羽、喙、蹼的颜色以及体型、初生重等都符合品种特征和要求的个体。选择的雏鹅血统记录清楚，来自高产种群的后代，要求种雏外型活泼健壮。如有需要在育雏期结束后约30日龄左右，再进行一次选择。这时要求选留个体的生长发育快、体型结构和羽毛发育良好，品种外形特征明显。在选择雏鹅时最好能将公、母鹅分开，并按1∶4的公、母比例进苗鹅，以降低饲养成本。

（三）雏鹅的性别鉴定

1. 外形鉴别法

一般来说，雄雏鹅的体格较大，身躯较长，头较大，颈较长，喙角长而阔，眼较圆，翼角无绒毛，腹部稍平贴，站立姿势较直；雌雏鹅体格较小，身体较短圆，头较小，颈较短，喙角短而窄，眼较长圆，翼角有绒毛，腹部稍下垂，站立姿势略倾斜。但这种方法准确性不高。

2. 翻肛法

将雏鹅握于左手掌中，用左手的中指和无名指夹住颈口使其腹部向上，然后用右手的拇指和食指放在泄殖腔两侧，轻轻翻开泄殖腔。如果在泄殖腔口见有螺旋形的突起（阴茎的雏形）即为公鹅；如果看不到螺旋形的突起，只有三角瓣形皱褶，即为母鹅。

3. 捏肛法

以左手拇指和食指在雏鹅颈前分开，握住雏鹅；右手拇指与食指轻轻将泄殖腔两侧捏住，上下或前后稍一揉搓，感到有一个似芝麻粒或油菜籽大小的小突起，尖端可以滑动，根端相对固定，即为公鹅的阴茎，否则为母鹅。

4. 顶肛法

左手握住雏鹅，以右手食指和无名指左右夹住雏鹅体侧，中指在其肛门外轻轻往上一顶，如感觉有小突起，即为公鹅。顶肛法比捏肛法难于掌握，但熟练以后速度较快。

（四）了解免疫情况

肉鹅一般不进行任何免疫，有些鹅场对雏鹅进行肝炎病毒疫苗免疫接种，在该病高发区也应免疫接种疫苗。了解雏鹅父母亲的健康和免疫情况，以供雏鹅免疫时参考。

（五）初生雏的接运

雏鹅生命力柔弱，经不起外界的剧烈震动和多变的气温。因此，自孵化出壳到1个月脱温的雏鹅不宜长途运输，否则死亡率极高。一般1个月后的雏鹅方可长途运输，宜用纸箱装运，箱底垫铺麻袋片以防滑。雏鹅存放室的温度要求24～28℃，通风良好且无穿堂风，雏鹅应当尽快运到养殖场。

要和孵化场或种鹅场签定雏鹅订购合同，保证雏鹅的数量和质量，同时确定大致接雏日期。在接雏前1周内要确定具体的接雏日期，以便育雏舍提前预热和做好其他准备工作。雏鹅出雏经过免疫接种以后，一般需要在孵化室恢复3～5小时，然后再进行运输，并尽快送至育雏舍。最早出壳的雏鹅从出壳到雏鹅全部出齐已经经过了较长时间，加上雏鹅处理和雏鹅恢复时间，到开始装车运输时距出壳大约经过了30多个小时，因此雏鹅要尽快运到目的地，以防止雏鹅脱水。雏鹅开始装车运输后要马上电话通知饲养场雏鹅大约到达时间，以便做好接雏工作。

汽车运输时，车厢底板上面铺上消毒过的柔软垫草，每行雏箱之间、雏箱与车厢之间要留有空隙，最好用木条隔开，雏箱两层之间也要用木条（玉米秸、高粱秸、竹竿均可）隔开，以便通气。冬季、早春运输雏鹅要用棉被、棉毯遮住雏箱，千万不能用塑料包盖，更不应将雏箱放在汽车发动机附近，否则会将雏鹅闷死、热死。车内应有足够的空间，保证运输箱周围空气流通良好。

运输途中，要时时观察雏鹅动态，防止意外事故发生。夏季运输雏鹅要携带雨布，千万不能让雏鹅着雨，着雨后雏鹅感冒，会大量死亡，影响成活率。阴雨天运输雏鹅，除带防雨设备外，还要准备棉被、棉毯，防止雏鹅着凉。夏季运输雏鹅最好在早晚凉爽时进行，以防雏鹅中暑。运输初生雏鹅时，行车要平稳，转弯、刹车时都不要过急，下坡时要减速，以免雏鹅堆压死亡。

运输雏鹅要有专用雏箱，一般的运雏箱规格为60厘米×45厘米×18厘米（长、宽、高）的纸箱、木箱或塑料瓦楞箱。箱的上下左右均有1厘米洞孔若干，箱内分成4个格，每格装25

只雏鹅，每箱可装 100 只雏鹅，如用其他纸箱应注意留通风孔，并注意分隔。每箱装雏鹅数量最多不超过 150 只，防止挤压。车厢、雏箱使用前要消毒，为防疫起见，雏箱不能互相借用。

三、配种方法

（一）自然配种

自然配种是指在母鹅群中放入一定数量的公鹅让其自由交配的方法。自然配种可分为以下几种。

1. 大群配种

在一大群母鹅中，按公、母配种比例放入一定数量的公鹅进行配种。这种方法多在农村种鹅群或鹅的繁殖场采用。

2. 小群配种

只用 1 只公鹅与几只母鹅组成 1 个配种小群进行配种。母鹅的具体数量，按不同品种类型的 1 只公鹅应配多少只母鹅来决定。这种方法多在育种场中采用。

3. 个体单配

公、母鹅分别养于个体栏内，配种时，1 只公鹅与 1 只母鹅配对配种，定时轮换。这种方法有利于克服鹅的固定配偶的习性，可以提高配种比例和受精率。

（二）人工辅助配种

公鹅体型大，母鹅体型小，自然交配有困难，需要人工辅助使其顺利完成交配。在利用大型鹅种作父本进行杂交改良时，常常需要采取这种配种方法，以提高受精率。人工辅助配种的操作，各地大同小异。先把公、母鹅放在一起，让它们彼此熟悉，并进行配种训练，待建立起交配的条件反射后，当公鹅看到人把母鹅按压在地上，母鹅腹部触地，头朝向操作人员，尾部朝外时，公鹅就会前来爬跨母鹅配种。操作人员也可以蹲在母鹅左侧，双手抓母鹅的两腿保定住，公鹅爬跨到母鹅背上，用喙啄住母鹅头顶的羽毛，尾部向前下方紧压，母鹅尾部向上翘，当公鹅双翅张开外展时，阴茎就会插入母鹅阴道并射精。公鹅射精后立即离开，此时操作人员应迅速将母鹅泄殖腔朝上，并在周围轻轻压一下，促使精液往阴道里流。人工辅助配种能有效地提高种蛋受精率。

第三节　人工授精

所谓人工授精就是用人工方法，将公鹅的精液采出，然后用特制的器械送入母鹅的生殖道内，达到配种的目的。鹅的人工授精配种技术有许多优点。

第一，提高种公鹅的配种能力。在自然交配的情况下，一般中型鹅种公、母比例为1：4；若采取人工授精技术公、母比例可达到1：（20～30），与配母鹅的数量可比自然交配提高5～7倍，从而降低了种公鹅的饲养量，节省了饲料开支和管理费用，减少场地占用，提高了养殖种鹅的经济效益。

第二，提高了种公鹅的质量。由于使用种公鹅的数量减少，用作人工授精的公鹅是从众多公鹅中优中选优，各方面的性能都比较优良，从而相应提高了种公鹅的质量。

第三，减少了公、母鹅生殖器官传染病的发生。由于操作过程进行了严格消毒，避免了公、母鹅生殖器官密切接触，从而减少了一系列生殖器官传染病的发生。

第四，提高了种蛋的受精率。因选用的种公鹅性能优良，精液质量较高。同时，采用人工授精技术定期给母鹅输精，避免了自然交配下的母鹅漏配，从而使种蛋的受精率大大提高。

第五，延长了优秀种公鹅的使用年限，为肉鹅的反季节生产提供了可能。鹅的人工授精可以使优良种鹅的遗传性能得到更快、更广泛的应用。将优秀种鹅的精液进行超低温冷冻保存，一方面延长了精液的保存时间；另一方面，克服了精液的采集受时间、地点、季节的限制，提高了优秀种鹅的使用率，缩小了遗传改良时距，有利于育种工作的顺利进行。

第六，有利于开展品种之间的杂交，加快了选种选配以及培育新品种的进程。通过人工授精可以开展品种间或品系间的经济杂交，克服因公、母鹅个体差异悬殊而造成的交配困难，有利于配种工作的开展。

第七，采精容易，便于操作。在禽类中，由于公鹅的生殖器官明显，射精时伸出体外，容易采集到精液，且不易被污染。

鹅的人工授精过程包括公鹅的采精、精液的稀释与保存、精液品质的检查及母鹅的输精等环节。

一、采精前的准备工作

采精前先准备数支 1 毫升注射器，若干套集精器和集精瓶，洗干净，消好毒，晾干备用。准备 75% 酒精瓶、75% 酒精棉花球及消毒好的镊子、剪子，放于消毒好的瓷盘内，并用消毒纱布盖上备用。

二、采精技术

1. 采精方法

公鹅的采精方法有按摩法、台禽诱情法、假阴道法和电刺激法，前两种方法在生产中使用较多。一般情况下，每天采精 1 次，连续 5~6 天，休息 1~2 天。

（1）台禽诱情法 即使用母鹅（台禽）对公鹅进行诱情，促使其射精而获取精液的方法。首先将母鹅固定于诱情台上（离地 10~15 厘米），然后放出经调教的公鹅，公鹅会立即爬跨台禽，当公鹅阴茎勃起伸出交尾时，采精人员迅速将阴茎导入集精杯而取得精液。有的公鹅爬跨台禽而阴茎不伸出时，可迅速按摩公鹅泄殖腔周围，使阴茎勃起伸出而射精。

（2）按摩法 按摩采精法中以背腹式效果最好。采精员将公鹅放于膝上，公鹅头伸向左臂下，左手掌心向下，大拇指和其余 4 指分开，稍弯曲，手掌面紧贴公鹅背腰部，从翅膀基部向尾部方向有节奏地反复按摩，引起公鹅性兴奋的部位主要在尾根部；同时用右手拇指和食指有节奏地按摩腹部后面的柔软部，一般 8~10 秒钟。当阴茎即将勃起的瞬间，正进行按摩的左手拇指和食指稍向泄殖腔背侧移动，在泄殖腔上部轻轻挤压，阴茎即会勃起伸出，射精沟闭锁完全，精液会沿着射精沟从阴茎顶端快速射出，用集精管（杯）接入，即可收集到洁净的精液。熟练的采精员操作过程约 20~30 秒，并可单人进行操作。

按摩法采精要特别注意公鹅的选择和调教。要选择那些性反应强烈的公鹅作采精之用，并采用合理的调教日程，使公鹅迅速建立起性条件反射。调教良好的公鹅只需背部按摩即可顺利取得精液，同时可减少由于对腹部的刺激而引起粪尿污染精液。采精时按摩用力要适当，过重易引起生殖器出血，污染精液。按摩手势不正确，按摩泄殖腔上部时挤压到直肠，往往会造成排粪；采精时，集精杯不要靠近泄殖腔，防止公鹅突然排粪造成精液污染。

2. 采精时的注意事项

（1）采精最好在室内进行，场地在采精前应打扫干净。

（2）捕捉公鹅不可硬追，以免公鹅受到过分刺激，造成采精时体力消耗过大，射精不充分或采不出精来。

（3）采精前应把种公鹅腹部尘土及污物打扫干净，这样既可以避免污染精液，又可刺激公鹅提高性欲。

（4）采完精时，不可使精液受到阳光照射或造成精液污染，以免影响人工授精效果。

（5）采精场地应安静，以建立和维持公鹅的条件反射。

（6）采精手法要轻，不可过于粗暴，否则会造成公鹅生殖器官的损伤，影响日后采精操作，使血液进入精液而影响精液的品质。

（7）采精应尽量做到固定术者和服装（白大衣），不宜变动太勤，以促使公鹅建立按摩排精的条件反射。

三、精液品质的检查

公鹅精液品质检查的项目较多，通常可以从颜色、精子活力、精子密度、精液 pH、射精量以及抵抗力等方面加以鉴别。

1. 外观检查

正常精液为不透明的乳白色液体，同时，精液的颜色会因公鹅品种的不同而存在较大差异。污染的精液颜色会出现异常现象：混入血液的精液为粉红色；被粪便污染的精液为黄褐色；有尿酸盐混入时，精液呈粉白色棉絮状块等。

2. 精子活力检查

精子活力是以在显微镜的视野下，作直线前进运动的精子数量的多少来衡量的。因只有作直线前进运动的精子才有受精能力，所以，若作直线前进运动的精子多，则表明活力强；若作直线前进运动的精子少，则表明活力差。精子活力的检查需在采精后 20～30 分钟内进行。具体操作：取同量精液及生理盐水各一滴，置于载玻片的一端，混匀，放上盖玻片，在 37℃ 条件下，用 200～400 倍显微镜检查。需注意所取精液不宜过多，以布满载玻片、盖玻片之间的空隙，而又不溢出为宜。

3. 精子密度检查

精子密度是用血细胞计数板测定每毫升精液中所含精子数为依据，一般是 4 亿～6 亿个/毫升。具体做法：先用红细胞吸管吸取精液至 0.5 处，再吸入 3% 的氯化钠溶液至 101 处（即稀释 200 倍），摇匀，排出吸管前三滴液体，然后将吸管尖端放在计数板与盖玻片的边缘，使吸管的精液流入计数室内，在显微镜下计数 5 个方格的精子总数，最后，按照公式算出每毫升精液的精子数。所选取的 5 个方格应位于一条对角线上或四个角各取一格，再加中央一方格。计数时只数精子头部 3/4 或全部在方格中的精子。

4. 精液 pH 检查

精液的 pH 检查是用 6.4～8.0 的精密试纸测定得出的，各品种公鹅精液的 pH 基本呈中性，只有狮头鹅精液稍偏碱性。

5. 射精量检查

射精量的多少可用具有刻度的吸管、结核菌素注射器或者其他度量器测量得出。公鹅的射精量一般为 0.2~1.3 毫升，公鹅的品种不同，其射精量亦存在差异。

6. 精子抵抗力检查

精子抵抗力及体外存活力是以对 1% 氯化钠的抵抗能力来衡量的。因为 2~5℃ 是经过研究证明的精液可以做短期 24 小时内保存的适宜温度；鹅正常精子细胞代谢温度是 41.7℃，发生不可逆变化的蛋白质变性温度是 55℃，两者的平均值为 48.5℃。所以，精子在体外的存活力是以在 2~5℃ 温度条件下的存活力，以及 48.5℃ 温度下的存活力来衡量的。

四、精液的稀释、保存与授精方法

1. 精液的稀释与保存

鹅的精液在稀释前，应首先检查精液的质量，然后根据精子活力（有效精子）和密度，来确定稀释倍数，稀释倍数可为 1：(1~7) 不等。目前生产中多采用 0.9% 的生理盐水或用时再加青霉素或链霉素 300~500 单位/毫升稀释精液。一般要求稀释后活精子数为 3 亿~4 亿/毫升。稀释精液时，要把吸有与精液等温的稀释液的滴管或注射器的尖端插入精液内，然后将稀释液缓慢挤入精液中。切不可将几只公鹅的精液混合共同稀释。实践证明，几只公鹅精液混合稀释后常出现精子凝集班象，使精液品质下降，种蛋受精率降低。

在保存精液时，应视预定保存时间而采用不同的保存方法。如果是短时间（72 小时以内）保存，保存温度应为 2~5℃，切不可认为温度越低越好，如果在 0℃ 以下保存，会造成精子出现冷休克，即使恢复适宜精子生活的温度，精子也不再复苏而丧失其活力。如果长时间保存，应采取冷冻超低温（−196℃）保存。

无论采用何种保存方法，在使用精液前，都应把精液的温度提升到 38～39℃。精液采取后，如果其活力低于 0.5，则没有保存的必要，更谈不上长期保存。如果使用冷冻精液，只有解冻后精液的活力在 0.3 以上时，才可用于输精。

2. 授精方法

目前尚无专门的鹅授精器，多为改装的代用品。一般都用有刻度的玻璃吸管或 1 毫升注射器（卡介苗注射器）。用有刻度的吸管，最好有 0.01 毫升的刻度，管壁较厚。若无这样的吸管，可用 1 毫升移液管，截去一段，留下合适的长度，截头处用酒精喷灯烧成结节，套上吸管皮头便成为一根很好的授精器。用有 0.01 毫升刻度的授精管，便于控制剂量，操作方便。为了避免损伤鹅的生殖道，可在玻璃管或吸管尖端，套上 2 厘米的自行车气门芯。每只鹅使用一只，切不可一只授精管给多只鹅输精，以免造成疾病传染。用 1 毫升注射器，以一胶管与一根长 4.5 厘米的细玻璃管或无毒细塑料管连接，一根细管只装一个剂量，也要每只鹅用一根。

（1）直接插入法　助手用右手轻轻握住母鹅的颈部，左手轻压母鹅背部，使母鹅伏卧在平坦、干燥、清洁的授精台上（授精台可用木板制作），输精人员蹲于母鹅左后侧，用酒精棉球消毒被输精母鹅泄殖腔周围，以左手拇指轻轻向下方压迫泄殖腔下缘，其余四指把母鹅尾羽拨向背侧，使泄殖腔开张，右手持吸有精液的授精器，向泄殖腔左下方插入 5～6 厘米。此时助手放松左手对母鹅的压迫，但仍要保定住母鹅，使母鹅输卵管恢复正常位置，鹅体位置并不移动，输精人员缓缓把精液输入母鹅生殖道内，然后轻轻拔出授精器。如使用吸管授精器，要捏紧乳头拔出，以免把输入的精液又吸回授精器，然后放开母鹅。

（2）手指引导法　对于授精器不易直接插入母鹅生殖道内的母鹅，常采用手指引导法输精。母鹅的保定及操作方法基本同上，只是输精时，先以消毒后的食指插入母鹅阴道内，然后把授精器顺食指插入 5～6 厘米，抽出食指后，再进行输精。如果使用此法给两只以上的母鹅输精，一定要注意手指的消毒。

（3）注射器输精法　当母鹅输卵管内有蛋时，可采用此种方法给母鹅输精。助手将母鹅右侧卧位保定，输精人员以右手在体外或用消毒的右手食指伸入母鹅生殖道内固定输卵管内鹅蛋，左手持吸有精液、带有针头的卡介苗注射器，从母鹅左侧腹部将针头刺入至卵的大头端，当感觉到针头碰到卵壳时，将针头沿蛋壳表面向蛋前端倾斜，然后将精液缓慢注入，拔出注射针头和手指。

输精时间和剂量直接影响种蛋的受精率，因此，应选择恰当的输精时间和适当的输精剂量。一般母鹅隔 5～7 天输精一次。如果使用原精，输精剂量为 0.03～0.05 毫升；如果使用稀释的精液，用量为 0.05～0.1 毫升。如果在鹅产蛋期开始第一次输精，剂量还应增加 1 倍。每次输精的时间一般应在下午进行，因上午鹅要产蛋，有时因抓鹅会影响产蛋率。一般授精 72 小时以后再收集种蛋，收集过早，鹅蛋还未受精。

总之，人工授精首先要保持精液品质不下降，精液采集后应尽快使用。同时要防止精液受到污染，并注意不要使精液受到阳光的直射。装精液的器皿，应选用棕色玻璃瓶。输精操作要缓慢稳当，不可过猛，以免损伤母鹅的生殖道。严格保持无菌操作，接触精液的器皿和稀释液。用前要彻底消毒。

3. 输精时应注意的问题

（1）输精时所用的一切器械，每次用完都要进行严格消毒后才能继续使用。输精时要排除输精器内的气泡，否则会使输入精液外溢，影响种蛋受精率。

（2）母鹅输精时间　一般每隔 5～7 天输一次，不宜超过 9天，第一次输精时，可在次日加输一次。有资料表明，输精间隔对平均受精率的影响是很大的，输精间隔 6 天、9 天、12 天时，平均受精率分别为 91%、85% 和 72%。每次的输精时间应在下午空腹时较好，即在大部分母鹅产蛋之后进行输精，方便精子进入输卵管内与卵子结合。为减少外界影响，稀释后的精液不宜放置时间过长，最好在采精后半小时内输完。

（3）母鹅每次的输精量　应掌握在有效精子数量3 000万~4 000万个，每次精液量原精为0.03~0.05毫升，若用稀释精液，用量为0.05~0.1毫升，输精时精液的温度应在38~39℃，温度达不到时应采取升温措施。

（4）输精过程中，动作要轻缓稳当，不可用力过猛，以免损伤母鹅生殖道。输精部位要适中，以插入泄殖腔4~6厘米的中等深度为宜，过浅易外溢，过深影响种蛋孵化效果，增加死胚。数据显示，输精深度在3厘米以下、4~6厘米、7~10厘米时，7日内的受精率分别为28%、91%和59%。

（5）对患有生殖道炎症等疾病的母鹅，不宜输精，应及时隔离治疗。每输完1只母鹅，要用酒精棉球对输精器进行清洁消毒，以防交叉感染。

（6）为减少鹅的应激，提高输精效果，输精人员最好固定专人。输精过程中不能追赶产蛋母鹅，应轻抓轻放，以减少母鹅产生应激反应，影响产蛋率。

（7）每次输精后应做好记录，防止漏输和重复输精。输精72小时后的种蛋才能收集作为种用，否则未受精。用于人工输精的母鹅群体不能过大，一般每群100只左右为宜，以便于输精。

第四节　鹅的孵化

一、孵化设备的准备

良好的设备是提高孵化率和健雏率的关键因素，也是提高工作效率、节省劳力、节约能耗与资金的必要条件。设备的好坏直接与孵化场的经济效益及综合效益相关。

（一）传统孵化设备

我国传统的孵化方法有桶孵、缸孵、平箱孵化、炕孵、摊床孵化等。传统孵化方法的优点是设备简单，取材容易，成本低廉；缺点是费力费时，消毒困难，种蛋破损率高，孵化条件不易控制，孵化率与健雏率不稳定等。

1. 桶孵设备

桶孵法在华南、西南、中南各省普遍采用，主要用在种鹅蛋的孵化前期，其设备主要包括孵桶、网袋、孵谷、炉灶及锅等。孵桶通常为圆柱形木桶，也可用竹篾编织成圆形无底的竹箩代替，外表再糊数层粗厚的草纸或涂上一层泥沙，然后用纸内外裱光。桶高约90厘米，直径60～70厘米，每桶可孵鹅蛋400～600枚。网袋即装蛋用的袋子，由麻绳编织而成，网眼约为2厘米×2厘米，外缘穿一根网绳，便于翻蛋时提出和铺开，网长约50厘米，口径85厘米。每网可装鹅蛋30～40枚，每层放两网。一网为边蛋，一网为心蛋，均铺平，使蛋成单层均匀平放。另外，孵桶壁要求厚实，有利于保温。

2. 缸孵设备

缸孵法主要在长江中下游各省应用，其设备包括孵缸、蛋箩等。孵缸由稻草和泥土制成，先将稻草编织成桶状，再抹上黏土即可。壁高约100厘米，内径约85厘米，缸厚约10厘米。铁锅置于中下部，用泥抹牢。铁锅离地面30～40厘米。锅内放几块砖，砖上放一块木制圆盘。蛋箩由竹篾编制而成，将其放于圆盘上面（蛋箩可以转动）。每箩放鹅蛋400枚左右。缸壁下侧开25～30厘米的灶口，内放木炭火盆。灶口塞和缸盖均用稻草编成。通过控制炭火的大小、灶门的开闭、缸盖的揭盖来调节温度、相对湿度和通风换气。种蛋在缸内给温孵化至15～16日龄时可上摊床自温孵化。

3. 平箱孵化设备

平箱孵化分用电和不用电两种，在我国农村广泛使用。平箱由土坯、木材、纤维板等制成。平箱高 157 厘米、宽与深均为 96 厘米，每箱可孵鹅蛋约 600 枚。箱内设转动式的蛋架，共分 7 层，上下装有活动轴心，上面 6 层放盛蛋的蛋盘，蛋盘用竹篾编成，外径 76 厘米，高 8 厘米，底层放一空竹匾，起温度缓冲作用。四周填充旧棉絮、泡沫塑料等保温材料。平箱下部为热源部分，四周用土坯砌成，内部用泥涂成圆形炉腔，正面留一高 25～30 厘米、宽约 35 厘米的椭圆形灶门，热源为木炭。热源部分和箱身连接并焊一块厚约 1.5 毫米的铁板，在铁板上抹一层薄草泥，以利于散热均匀。底部砌 3 层砖防潮。

4. 炕孵设备

炕孵多在我国东北、西北、华北地区采用。炕用砖或土坯砌成，炕上面铺麦秸或稻草，其上面再铺上芦席，四周设隔条，炕下设灶口，炕上设烟囱通向室外。炕的大小根据房舍大小及孵化量而定，一般炕高 65～70 厘米、宽 180～200 厘米、长 300 厘米。每炕一般可孵鹅蛋 1 200 枚。鹅蛋孵至 15～16 日龄可上摊床自温孵化。

5. 摊床孵化设备

摊床为木制床式长架，一般分为 3 层，分别称为"上摊"、"中摊"、"下摊"，摊间距离为 80 厘米。摊床由芦苇、竹席、稻草、木板、木条等共同组成，同时需备有棉被、毯子、单被等物用来覆盖保温。

（二）现代孵化设备

随着养鹅业的发展，传统孵化法的缺点凸显，各种现代孵化设备也就应运而生，各种类型的孵化机也相继问世。养殖场（户）必须因地制宜，严格、慎重地选择适宜的孵化设备，在保证孵化率和健雏率的同时，提高经济效益。

1. 孵化机

目前市场上有多种类型和型号的孵化机出售，国内以我国自行研制的为主。

（1）孵化机类型

①按容蛋量，分为小型、中型、大型孵化器 3 类（目前通常以容鸡蛋数量的多少分）。

②按通风方式，分为自动通风式与机械通风式两类。

③按供热方式，分为电热式、水电热式、水热式等。

④按形状，分为平面式、平面分层式、柜式、房间式等。

⑤按箱体结构，分为箱式（有拼装式和整装式两种）和巷道式。

⑥按翻蛋方式，分为平翻式、八角架式、跷板式、滚筒式。

⑦按操作程序，分为孵化机、出雏机、孵化—出雏通用机、旁出式联合孵化机、上孵下出式、机—床联合式。

（2）孵化机特点　随着科技的发展，孵化机向机械化、自动化、通用化与标准化方向发展。其特点概括起来主要有：占地面积少，节省劳力；速度快，效益高；操作灵活，应变能力强；稳定耐用，安全可靠等。特别适合于大规模工厂化养殖。

2. 种蛋处理设备

为了提高孵化率，种蛋在入孵前需进行大小分级，同时做必要的清洗、消毒工作。

（1）特殊移蛋器　用于将种蛋吸起，通过缩小每排蛋的间距使之适合置于孵化盘上。

（2）种蛋分级器　按重量对种蛋进行自动分级。

（3）种蛋清洗机　种蛋很脏时宜用清洗机对种蛋进行清洗。

二、种蛋的收集与选择

（一）及时收集种蛋

鹅产蛋一般集中在午夜到黎明前，因鹅品种和养殖季节的不同稍有区别。养鹅户应该及时观察鹅产蛋时间的变化，及时地收集种蛋。对于舍饲饲养的种鹅，一般每天集蛋 3 次，即早上6：00～7：00、9：00～10：00 和下午关鹅入舍前。捡蛋时间过早或过晚，均有可能增加破损蛋的比例。建议养鹅户在捡蛋时，首先将圈门打开，以确保不产蛋或产完蛋的鹅进入运动场觅食。捡蛋动作要轻缓，避免惊吓正在产蛋的鹅。如果遇到圈舍有很多鹅在产蛋，应避开，先去捡下一个圈舍的鹅蛋，待该圈舍基本没有鹅产蛋时方可进入圈舍捡蛋。经过 2～3 次捡蛋的循环后，关上圈门，避免鹅随意进入产蛋窝，以防止母鹅"抱窝"。初产鹅在刚刚开产的时期内产蛋时间没有规律性，养殖人员应经常到种鹅舍巡视，及时捡回初产鹅产在运动场的蛋（图 4－1）。

图 4－1　收集检查种蛋

需要提醒的是，当蛋上有粪便等污迹时，要留作种蛋绝对不能采用水洗，最好用锯末等干燥垫料小心蹭去上面的污迹，以免破坏蛋壳表面的保护膜而受到细菌的感染。

（二）严格进行种蛋的选择

收集的种蛋应及时选择，将合格的种蛋保存在贮蛋室。除淘汰产在运动场和经过水浸的蛋外，还应去除以下种类的"不合格蛋"（表 4－1，图 4－2）。

表 4－1　不合格蛋（畸形蛋）的种类

分类	描述
薄壳蛋	蛋壳特别薄，不能作种蛋用，也不能运输
软壳蛋	产出的蛋无硬壳，只有蛋壳膜包住蛋白和蛋黄，故叫软壳蛋

（续表）

分类	描述
裂纹蛋	指蛋壳最外层胶护膜形成完整，而骨质层表面可见明显裂纹，但蛋液不能外漏渗出的蛋
沙皮蛋	指子宫部分泌物的钙质未得到酸化而以颗粒状沉积于蛋表面
皱纹蛋	因铜的缺乏，使形成蛋壳腺胶原和弹性蛋白的胶联减少，而使蛋壳膜缺乏完整性和均匀性，在钙化过程中导致蛋壳起皱褶
粉皮蛋	指蛋颜色较正常蛋壳颜色变浅或呈苍白色。其发生原因是产蛋母鹅感染病毒或受营养、环境应激后使蛋壳腺分泌色素卵嘌呤的功能受到影响所致
双黄蛋	双黄蛋从外形上看比正常蛋大1/3左右
小黄蛋	一般小黄蛋蛋体较小，蛋黄较软，拿在手中有轻飘感。主要是因饲料中黄曲霉毒素超标，影响肝脏对蛋黄前体物的转运和阻滞了卵泡的成熟所致
无黄蛋	无黄蛋从外形上看特别小，打破察看不见有蛋黄
异形蛋	不像正常蛋呈卵圆形，有长形而两头尖、腰鼓形、带柄、球形、扁圆形等

1. 正常蛋；2，3，4. 畸形蛋；5. 双黄蛋；6. 皱纹蛋

图4-2　种蛋的选择

三、种蛋的消毒

鹅蛋产出之后容易被粪便、垫草污染。因此，种蛋收集后应及时消毒，然后再送到贮蛋库存放。

种蛋消毒在特别设计的小室内进行，种蛋必须置于蛋托内，而不是蛋箱内进行消毒。消毒的目的是杀死蛋壳表面的各种微生物。从理论上讲，应在蛋产出后马上消毒，这样才能消灭大部分的微生物，但在实际生产中难以实施。因此，比较可行的办法是每天集完蛋后立刻在鹅舍消毒室或运至贮蛋库消毒，在种蛋入孵前还要进行二次消毒处理。常用的种蛋消毒方法有以下几种。

1. 福尔马林、高锰酸钾熏蒸消毒法

即通常所说的熏蒸法，这是标准的消毒方法，具有消毒效果好、操作简便等优点，大、小型孵化场都适宜采用。福尔马林（含40%甲醛的无色带强烈刺激性气味的液体）在高锰酸钾的作用下会急剧蒸发，从而通过熏蒸来消毒。在孵化场的消毒室进行消毒时，每立方米用42毫升福尔马林和21克高锰酸钾，调节温度在20~24℃、相对湿度75%~80%，封闭熏蒸半小时，效果很好，可杀死蛋壳上病原体的95%~98.5%。如在孵化器里消毒，则在入孵后马上进行，一般采用福尔马林28毫升、高锰酸钾14克，熏蒸20分钟。在国内，多采用入孵时消毒，每立方米空间用福尔马林14毫升、高锰酸钾7克，熏蒸0.5~1小时。在实际操作中，还可以在蛋盘架上罩以塑料薄膜进行消毒。这样缩小了体积，可节约消毒剂的用量。在使用熏蒸消毒法时，应注意下列几点。

第一，种蛋在孵化器里熏蒸消毒时，应避免1~4日胚龄的胚蛋受到熏蒸消毒。因为上述药物对24~96小时的胚胎有不利影响。

第二，福尔马林与高锰酸钾的化学反应剧烈，工作人员应按规程操作，防止药液溅到人体或消毒气体被人吸入。应采用陶瓷或玻璃容器盛放。操作顺序为：先加少量温水，后加高锰酸钾，再加入福尔马林。

第三，种蛋从贮蛋库移出或从鹅舍送至孵化场消毒室后，如蛋壳上凝有水珠，熏蒸时对胚胎不利，应当尽量避免。方法是提高温度，待水珠蒸发后，再进行消毒。

第四，熏蒸消毒时，要关闭门窗、风机和进出气孔。熏蒸后应开启风机，充分通风并排出熏蒸气体。

2. 新洁尔灭消毒法

按1：1 000（5%原液＋50倍水）配成0.1%的溶液，用喷雾器喷于种蛋表面，或将种蛋置于40～45℃的新洁尔灭溶液中浸泡30分钟。也可用1：5 000浓度的溶液喷洒或擦拭孵化用具。该稀释液切忌与肥皂、碘、碱、升汞和高锰酸钾等配用，以免药液失效。

3. 紫外线照射消毒法

紫外线灯在距种蛋高度40厘米处照射1～2分钟，蛋的背面再照射1～2分钟，可杀灭种蛋表面的细菌，可提高孵化率5%左右。此法适用于对刚捡的种蛋消毒。

4. 氯消毒法

将种蛋浸入含有活性氯1.5%的漂白粉溶液中3分钟，注意应在通风处操作，消毒液的温度应高于鹅蛋的温度。否则，种蛋受冷收缩，病原体容易进入，从而使孵化效果受到影响。

5. 碘溶液消毒法

取碘片10克和碘化钾15克，溶于1 000毫升水中，再加入9 000毫升水，配成0.1%碘溶液。将种蛋浸入1分钟，取出晾干。消毒液浸泡种蛋10次后，碘浓度减小，可延长浸泡时间到1.5分钟，或再添加部分碘溶液。

6. 高锰酸钾消毒法

以0.2%～0.5%高锰酸钾溶液浸泡种蛋1～3分钟，取出晾干。此法适于农家火炕加热水袋孵化法，每批入孵蛋量500枚左右，将种蛋放入高锰酸钾水溶液内浸泡，效果很明显。蛋壳虽然变成褐色，但对孵化效果无不良影响。

7. 百毒杀喷雾消毒法

每10升水中加入50%百毒杀3毫升，喷雾或浸渍种蛋进行消毒。百毒杀对细菌、病毒、真菌等均有消毒作用，没有腐蚀性和毒性。

种蛋的消毒方法很多，但迄今为止仍以福尔马林、高锰酸钾熏蒸消毒法和新洁尔灭消毒法最为普遍。这是因为它们消毒效果好，又便于操作。

四、孵化的方法

（一）传统孵化方法

我国在不同的历史时期和不同的地域出现了很多人工孵化方法。按能源的来源，可以分为炒谷法、炭孵法、煤孵法、灯孵法、电孵法、自温孵化法等；按孵化机具的形态和功能，可以分为炕孵法、桶孵法、缸孵法、摊床孵化法、温室孵化法等。其共同优点是设备简单，不需用电，成本低廉；缺点是凭经验调温，初学者不容易掌握，劳动强度大，破损率高，消毒比较困难等。广大孵化工作者根据实践经验，吸取传统孵化方法的优点，创造了不少适合于各地区的孵化方法和孵化机器。各种孵化方法大同小异，孵化过程一般分为给温阶段和自温阶段。不同的孵化方法其给温的方式不同，但其自温阶段均是利用摊床孵化。

摊床孵化就是将孵化到一定时期的胚蛋移至"摊床"上，不需要外加热源，而是利用孵化后期胚胎自身产生的体热，借助室温及其他覆盖物来调节维持胚胎发育所需的温度，实现自温孵化。摊床孵化是我国特有的孵化技术，这种方法完全利用胚蛋的自温，不需燃料。无论是机器孵化，还是利用传统的孵化方法，在孵化后期均可利用胚蛋的自温进行摊床孵化，缩短了孵化给温期，节省电力、燃料，有效地提高了孵化量和孵化机的周转率。同时由于摊床的环境好，胚胎有机会直接与空气接触，有利于胚胎的发育，可提高出雏率。所以此方法至今仍在生产上利用。

1. 火炕孵化法

火炕孵化法需要火炕、摊床和棉被等设备。火炕以土坯搭成，大小视屋子大小、孵化量大小而定。一般要求炕面高65厘米、长300厘米、宽200厘米。炕面抹泥厚度：炕头15厘米、炕梢6厘米。炕箱内填充细沙，细沙要使炕头低、炕梢高，保持沙面距炕底面25厘米并与炕底面平行，目的是使炕各部温度一致并好烧。烟囱则要高于屋檐，顶部要有防雨设备。最后，将炕面用牛皮纸糊严，防止冒烟和尘土飞扬。炕上再放麦秆，上面铺席。摊床是孵化中期以后，放种蛋继续孵化的地方。在炕的上方设一层或两层摊，摊床用木头或竹竿搭成，床上铺麦秆、席和糠，棉被为包蛋或盖蛋用。

炕孵法是通过烧火次数、烧火时间间隔、烧火量、加减覆盖棉被、翻蛋、调整种蛋在炕面的位置、调整室温、通风换气、凉蛋等措施来调节孵化温度。湿度以放盆水、蛋上喷水、地面喷水、通风换气等方法进行调节。孵化之前，应烧炕测温。首先检查火炕是否漏烟和烟道是否通畅，然后将温度计放在炕的四角和中央进行测温。当炕面温度达到要求并恒定时，即可上蛋入孵。上蛋2小时后，应检查蛋温及炕温是否符合要求。如不符，则要及时调整，直至符合要求为止。当种蛋孵化至18天后，即可上摊床。摊床上温湿度的调节可采用加减棉被、蛋面喷水、凉蛋、通风换气等方法进行，如果孵化室内温度过低，上摊床时间可推迟4～5天至孵化第22～23天。

2. 平箱孵化法

平箱由两部分组成，一是孵化部分，二是热源部分。箱底可用厚纸板、纤维板或木料制成，也可用砖砌成。一般箱高187厘米，宽和深96厘米。箱的四周填充棉絮或玻璃纤维，有条件可装石棉或其他性能好的隔热材料。箱内设置可转动的蛋架，便于翻蛋。蛋架分7层，最下一层放置隔热材料而不放蛋，以便箱内温度平均。上面6层放蛋盘，可用竹子或木料制成长、宽各76厘米、高8厘米的蛋盘。

热源部分和孵化部分之间，放一厚1.5毫米的铁板，上面抹一薄层花秸泥。如果最下层蛋盘和最上层蛋盘温差大，可在花秸泥上再铺草灰。热源可用炭火盆、电热丝或其他设备。也可电热丝和炭火盆一块装，停电时再用火盆，电热丝用膨胀成饼或控温继电器控制温度。炉腔正面留一椭圆形火门，高 25～30 厘米、宽 35 厘米，并装门。热源部背面可装一烟囱，以便使用炭火时向外排烟，避免污染孵化室的空气。

试温完成后，开始入孵，依次装入蛋盘，在上、中、下层的蛋盘上各放一支孵化温度计。温度计的刻度朝上，液体玻璃球向内测量蛋温，并在平箱门的玻璃窗里挂一温度计测量箱内温度，刻度向外，以便随时查看箱温。然后闭门开始升温。升温后每隔 2 小时在箱外部通过手柄翻蛋一次，每次 90 度。把顶层蛋盘种蛋贴于眼皮感到温热时，进行第二次倒盘。第三次倒盘后，箱内温度基本达到均匀。用眼皮测温时，要注意既测蛋盘中心蛋，又要测边蛋，如发现边蛋和中心蛋温度不一致时，要把边蛋与中心蛋调位。

3. 缸孵法

缸孵法需要有孵缸及箩筐等设备。孵缸是用稻草或泥土制成的，高度、直径视箩筐大小及孵化量而定。孵缸的中间放有铁锅或缸，用泥抹牢。铁锅（缸）离地面 30～40 厘米，下边留有火灶及灶口，以便生火加温。锅（缸）上先放几块土坯，然后将箩筐放在上面，箩筐内放种蛋。

缸孵法分缸孵期、上摊期。缸孵期又分为新缸期和陈缸期。新缸期 8 天。种蛋入缸前先加木炭生火烧缸，除净缸内潮气，一般预烧 3 天左右，使缸内温度达到 39℃ 以上，开始入孵。入孵 4 小时后开始翻蛋，方法有以下 3 种。

"抢心"：将箩筐内的蛋翻入另一箩筐，翻时上与下、边缘与中心的蛋互相交换位置，翻至中心处，取出 180～200 枚蛋放在一边，等翻完后将其放在最上面。

"抢心取面"：翻蛋时先取出 150 枚蛋放在一边，翻至中心处取中心蛋 150 枚放在一边，将先取出的蛋翻至中心处，翻完时将中心蛋放在最上面。

"平缸"：翻蛋时，仅将上与下、边缘与中心的蛋互调位置。

新缸期共 8 天，第一天翻蛋 5 次，第一次"抢心"，其他 4 次"抢心取面"；其余几天每天翻蛋 4 次，早晨第一次"抢心取面"，其余 3 次做"平缸"。

新缸期结束后转入陈缸期，为期 8 天，每天翻蛋 4 次。头 3 天第一次翻蛋"抢心取面"，而后各次做"平缸"，其余几天均做"平缸"。陈缸期完毕上摊，上摊方法与前面讲的孵化方法相同。

孵化过程中，要根据胚胎的发育过程施温。每次翻蛋时，要掌握所需的温度，一般翻蛋前要升高些，翻蛋后平稳。每次翻蛋后，应加温至所需要的温度。温度低时，盖严缸盖；温度高时，可撑起缸盖调节。

（二）机器孵化法

机器孵化法靠电力供温，温度自动控制，机器翻蛋和通风。这种孵化方式孵化量大，省力，操作管理方便，孵化率高。整个孵化过程均在机器内进行，往往孵化到第二次照蛋后可转入摊床上利用胚蛋的自温进行孵化，节省能源，提高孵化机的周转率，扩大孵化量。

1. 孵化前的准备

种蛋在入孵之前，先对孵化室进行清扫、消毒，通常与孵化机的消毒同时进行。入孵之前应对孵化机做全面检查，包括电热装置、风扇、电动机、控制调节系统、机器的密闭性能、温度计等。检查完毕后，即可接通电源，进行试转，先观察风扇转向是否正常，有无机械杂音，再检查控温系统工作是否正常，然后调试好孵化机的温度，试机 24 小时，若无异常情况，温度稳定后方可入孵。

2. 上蛋入孵

鹅蛋较大，在装盘时适宜平放，有利于胚胎发育。冬季和早春气温较低时，入孵前将种蛋放在孵化室内 4~6 小时，最好放到 22~25℃的环境下预热。因为种蛋在储存期胚胎发育呈静止状态，预热可使胚胎有一个逐渐"苏醒"的过程，有利于胚胎发育，并可减少孵化器内温度的下降幅度，不至于影响其他批次胚蛋的发育。如果采用分批孵化时，各批次的蛋盘应交错放置，在孵化盘上应标明种蛋的批次、入孵时间，以防混淆。每次入孵时间以下午 16：00 后为好，这样大批出雏的时间在白天，工作比较方便。

3. 照蛋

孵化期一般照蛋 3 次，也可只照蛋 2 次。鹅胚蛋头照的时间为 6~7 天，剔除无精蛋、散黄蛋、弱精蛋及死胚蛋；第二次照蛋的时间在第 16 天进行，剔除死胚蛋及头照漏检的无精蛋；第三次照检可结合转摊床时进行。在孵化期间通过胚蛋的照检，检查胚胎的发育情况，根据胚胎的实际发育情况及时调整孵化条件。

4. 转盘

如果采用机摊相结合的孵化方法，二照以后可将胚蛋转到摊床上继续孵化。如果采用全程机器孵化，到 28 天时将蛋架上的蛋盘抽出，移至出雏机内继续孵化，停止翻蛋，提高出雏机内的相对湿度，准备出雏。胚蛋转入出雏机的时间视胚胎的发育情况而定，如有 50%~60%啄壳时转盘较好。如果胚胎发育的时间普遍较迟，可推迟转盘的时间。

5. 出雏

出雏前应准备好装雏鹅的竹筐，筐内应垫上垫草或草纸。一般每隔 3~4 小时捡雏 1 次。捡雏动作要求轻、快，先将绒毛已干的雏鹅迅速拣出，同时将空蛋壳拣出，以防蛋壳套在其他胚蛋上使胚胎闷死。少数出壳困难的可进行人工助产。出雏期间，不应频繁打开出雏机，以免影响机内的温度、湿度。

6. 停电时采取的措施

规模较大的孵化场应备有专门的发电机，如遇停电，可及时发电，避免不必要的损失。如没有备用的发电机，应根据停电时间的长短、胚龄的大小及室温高低采取相应的措施。如在早春室温较低时，可用生火来提高室温，每 0.5 小时人工转动风扇 1次，使机内温度均匀，否则，热空气聚积于机内上部，导致上部过热，下部过凉；若胚龄较高，自温能力强的，应立即打开机门散热，每隔 1 小时翻蛋 1 次，以免种蛋产生的热量过多；停电时间较长时，特别是胚龄小的蛋，必须设法加温，改变孵化形式，胚龄大时可转入摊床进行孵化。

五、孵化的注意事项

孵化场生产的经济盈亏，主要取决于孵化率和健雏率的高低。影响孵化效果的因素较多，主要包括种蛋品质、孵化条件、气候环境以及管理水平等，其中任一因素的不适宜，都会影响孵化效果。所以在实际的孵化过程中，我们应全面分析，注意从各方面严格把关。

（一）种蛋品质

种蛋品质与遗传因素、母鹅营养水平及年龄有关，应选取近交系数较低、营养良好的中龄鹅种蛋，并避免陈蛋、畸形蛋、薄壳蛋、特大（小）蛋等，而且还应防止种蛋受冻以及运输不当造成破损。

（二）孵化条件

温度、湿度、空气、翻蛋和晾蛋等孵化条件必须控制适宜，符合胚胎发育的要求，否则都会严重影响孵化效果。除了前面介绍内容，还应特别注意以下几点。

1. 温（湿）度计检查

温（湿）度计是测温（湿）度的主要手段，也是施温（施湿）、定温（定湿）的依据。要经常检查使用中的温度计、湿度计，防止温（湿）度计失准，造成孵化事故。不仅用前要校对，使用过程中还要注意核查，可用眼皮测温作出初步判断，发现异常再用标准温度计核对，湿度计内的贮水管内不能脱水，要定时加水。

2. 温（湿）度掌控

认真检查、调控相关的孵化条件，在操作中努力减少各部位间的温差。特别是人工孵化的各种方法中，各部位的温差始终存在，即使有匀温装置的现代电孵机也不例外。孵化器内部温差越小，胚胎发育就越整齐，看胎施温也越方便，孵化的效果也越好，在操作中应努力减少这些温差，防止失误。

孵化期间，须掌握以下规律并做适当调整：

（1）如入孵后1~2天温度过高，畸形胚会较多，且出雏提前；

（2）若入孵后3~5天温度过高，会有充血、溢血和异位现象出现，尿囊提前合拢，胚胎异位，心、肝和胃畸形，而且出雏提前，出雏时间延长；

（3）如短期的强烈过热，5~6天时胚胎干燥而黏着蛋壳，10~11天尿囊血管呈暗黑色，血液浓稠，孵化后期胚胎皮肤、心、肝、肾和脑有点状出血，易死胚且出雏提前；

（4）若孵化后期长时间过热，啄壳较早而出壳时间延长，破壳时死亡增多，蛋黄吸收不良，卵黄囊、肠、心脏充血，雏弱小，粘壳，脐带愈合不良且出血，壳内有血污；

（5）若孵化温度过低，孵化期胚胎发育迟缓，入孵19天时气室边界平齐，未破壳的活胚尿囊充血，心脏肥大，卵黄吸入但呈绿色，肠内充满卵黄和粪，出壳晚且时间延长，以致雏鹅虚弱站立不稳，腹大，有时腹泻，蛋壳污秽；

（6）湿度过高时，尿囊合拢时间迟缓，19天时气室界限平齐，蛋重减轻慢，死胚的嗉囊、胃和肠充满液体，出壳晚且时间延长，雏鹅绒毛与蛋壳粘连，腹大；

（7）湿度过低时，入孵5~6天时胚蛋死亡率增大，鹅胚充血并粘在壳上，入孵10~11天蛋重减轻多，死胚蛋外壳膜干而结实，啄壳困难，雏绒毛干燥，出壳早。

3. 通气控制

鹅胚发育到18～20胚龄时，耗氧量急剧增加，到出壳为止，每天每个胚胎耗氧高达800毫升，应适当增加孵化后半期孵化机内的通气量并保证氧气供应足够。若通风不良，入孵5～6天时死亡率增高，入孵10～11天时在羊水中有血液，入孵19天时内脏充血和溢血，雏鹅多在蛋小头啄壳。

4. 落盘安排

鹅胚在入孵25～26天前，以简单的扩散作用通过蛋壳上的气孔进行气体交换，即尿囊呼吸。此后，胚胎啄破胎膜和内外壳膜，伸喙到气室内开始肺呼吸。此时外壳未破（称为内破期），肺功能尚未健全，气体交换以两种方式同时进行，直到外壳啄破才全部用肺呼吸。两种呼吸方式的更替过程需6～8小时，落盘时间应安排在内破期，同时采取适当增加通风量或凉蛋等措施。

（三）环境气候

种鹅繁殖配种和种蛋孵化时外界气候条件也会影响孵化效果，其中以环境温度的影响最为重要。种鹅处于持续的高温或严寒的环境下，种鹅代谢降低，食量减少，营养不足，血钙水平下降，种蛋质量就会下降。而且种蛋在气温23.9℃以上存放时，胚蛋会进行有限的发育，消耗一定的能量，胚胎生命力也随之降低，从而就会使孵化率急剧下降。气候过于严寒则易引起种蛋冻坏。另外，孵化率还会随海拔高度的增加而减小，这是因为海拔愈高，空气愈稀薄，氧分压压也愈低，相应氧气就愈少，胚胎氧气供给减少就会降低血色素的产生，从而当种蛋孵至13～14天时，胚胎生长发育会因血色素含量不足而阻滞，甚至死亡，导致孵化率下降。

（四）严格管理

管理能够把各种生产要素有机地结合起来，发挥更大的作用。很多孵化场欠缺的往往不是设备、技术甚至经费，而是科学的、严格的管理。一般说来，孵化场应注意以下几个问题。

第一，实行岗位责任制。孵化定温专人管理，未经同意其他人员不得随意变更温度；种蛋进出、入孵蛋数量、照蛋后的无精蛋和死胚蛋的清除、出雏数及雏鹅保管等要有专人负责。

第二，定时检查维护孵化设备。每天必须定时检查每台孵化机和出雏机具的温度和湿度 4~6 次，使用的温湿度计应准确无误，发现有损坏应及时更换；经常检查电孵机控制系统，发现故障应立即排除，确保运转正常。

第三，完善孵化场的管理，做好各项记录分析。认真做好孵化生产的各项记录，及时发现问题并解决问题；每批雏出完后应及时统计分析，总结经验教训。

第四，做好清洁卫生工作。保持孵化房（室）的清洁卫生，每次孵化结束后，所有器具必须及时清洗消毒。

第五章　无公害肉鹅的营养需要与饲料配制

第一节　肉鹅的营养需要

要发挥鹅的最大生产潜力，首先应给鹅提供用以维持其健康和正常生命活动的营养需要（维持需要）；其次提供用于供给产蛋、长肉、长毛、肥肝等生产产品的营养需要。鹅的营养需要包括维持需要和生产需要两方面。所需的主要营养物质有蛋白质、能量、矿物质、维生素和水。

一、能量

鹅的一切生理活动，包括运动、呼吸、循环、产蛋、产肉、体温调节等均需要能量。能量主要来源于日粮中的碳水化合物和脂肪，少部分来源于体内蛋白质分解所产生的能量。

碳水化合物包括淀粉、糖类和粗纤维，是鹅的主要饲料，也是机体的主要能量来源。鹅食入饲料所提供的能量超过生命的需要时，多余的部分转化为脂肪，在体内储存起来。鹅对粗纤维的消化率达 40% ~ 50%，可供给鹅体所需要的一部分能量，因此，鹅在非繁殖季节可喂给含粗纤维高的日粮。脂肪是体内能量供给和储存的重要物质，脂肪氧化分解时产生的热能是碳水化合物的 2.25 倍。

鹅有通过调节采食量的多少来满足自身能量需要的能力，但这种调节能力有一定限度。日粮能量水平低时采食量较多，反之则少。环境温度对能量需要影响较大，初生雏鹅在 32℃ 环境条件下，产生的热量最低，在气温为 23.9℃ 环境下产热比在 32℃

时多1倍。成年鹅最低的基础代谢产热量在18.3～23.9℃，如果环境温度低于12.8℃，则大量的饲料消耗用于维持体温。

二、蛋白质

蛋白质是生命的基础，是构成鹅体肌肉、各种组织器官、血液、内分泌、羽毛和蛋的重要成分，也是组成酶、激素的主要原料之一，关系到整个新陈代谢的正常进行，是维持生命、进行生产所必需的营养物质。它是由20多种氨基酸组成，蛋白质的营养水平，取决于它所含氨基酸的种类和数量，这些氨基酸分为必需氨基酸和非必需氨基酸。必需氨基酸是维持正常生理机能、产肉、产蛋所必需的，在鹅体内不能合成，或合成的数量和速度不能满足正常的生长、生产的需要，只能由饲料提供。非必需氨基酸在鹅体内能合成。

鹅的必需氨基酸有赖氨酸、蛋氨酸、色氨酸、胱氨酸、异亮氨酸、精氨酸、苏氨酸、苯丙氨酸、亮氨酸、组氨酸、缬氨酸、甘氨酸、酪氨酸等13种。任何一种必需氨基酸的缺乏都会影响鹅体蛋白质的合成，导致鹅生长发育不良。但过多的蛋白质和氨基酸不能被利用，合成尿素后排出体外。用一般禾本科子实及油饼配合日粮时，蛋氨酸、赖氨酸、精氨酸、苏氨酸和异亮氨酸往往达不到营养需要标准的数量，使蛋白质的合成受到限制。因此，这几种氨基酸又被称为限制性氨基酸。需要从日粮中补充。

鹅对蛋白质水平的要求比鸡、鸭低，鹅对日粮蛋白质水平的变化及反应也没有对能量水平变化的反应明显。一般认为，对种公鹅、种母鹅，特别是雏鹅，日粮蛋白质水平很重要。在通常情况下，成年鹅饲料的粗蛋白质含量控制在15%左右为宜，能提高产蛋性能和配种能力。雏鹅日粮粗蛋白质20%就可保证最快生长速度对蛋白质的需要。因此，提高日粮粗蛋白质水平，对于肉鹅6周龄以前的增重有促进作用，以后各阶段粗蛋白质水平的高低对增重没有明显影响。

三、矿物质

鹅的生长发育、机体的新陈代谢需要矿物质元素。矿物质在鹅体内含量虽然不多，仅占鹅体重的 3%～4%，但在生理上却起着重要的作用，是鹅的骨骼、肌肉、血液必不可少的一种营养物质，许多机能活动的完成都与矿物质有关。通常把在体内含量高于 0.01% 的称为常量元素，包括钙、磷、钾、钠、氯、硫、镁等；把在体内含量低于 0.01% 的称为微量元素，包括铁、铜、锌、锰、碘、硒、钴等。因此，矿物质是保证鹅生长发育和产蛋必不可少的营养物质。

四、维生素

维生素是维持正常生理活动和产蛋、生长、繁殖所必需的营养物质。鹅不能自身合成维生素，需要从饲料中吸取。如果饲料中某种维生素缺乏，就会引起病变。

维生素有以下两大类。一类是水溶性维生素，包括维生素 B_1（硫胺素）、维生素 B_2（核黄素）、维生素 B_3（泛酸）、维生素 B_4（胆碱）、维生素 B_5（烟酸）、维生素 B_6、叶酸、维生素 B_{12}（氰钴素）、维生素 H（生物素）、维生素 C（抗坏血酸）等。这类维生素除维生素 B_{12} 外，供应量超过需要量的部分很快从尿中排出，因此，必须由饲料不断补充，防止缺乏症的发生。另一类是脂溶性维生素，包括维生素 A、维生素 D、维生素 E、维生素 K。这类维生素与脂肪同时存在，如果条件不利于脂肪的吸收时，维生素的吸收也受到影响。脂溶性维生素可在体内贮存，较长时间缺乏时才会出现临床症状。在实际配合时，把饲料中维生素含量作为安全余量，而需要量在维生素添加剂中解决，以保证鹅的生长、繁殖的需要。维生素添加剂的用法与用量请参照说明书使用。

五、水分

水约占鹅体重的 70%，是鹅体的重要组成成分，是各种营养物质的溶剂，参与鹅所有的生命活动，是鹅体进行生理活动的基础。水还参与鹅体内的物质代谢，参与营养物质或分解产物的运输，能缓冲体液的突然变化，帮助调节体温。因此，必须经常满足鹅对水分的需要。

据测定，鹅吃 1 克饲料要饮水 3.7 毫升，在气温 12～16℃时，鹅平均每天饮水 1 000 毫升。仔鹅若脱水 5%，食欲就会减退；脱水 10% 时，其生理活动就发生严重失常；失水达 20% 时，就可引起死亡。在正常情况下，鹅一旦发生脱水，应实行渐进性补水，在饮水中加入少量食盐，防止暴饮而发生水中毒。

鹅体水分的来源是饮水、饲料含水和代谢水。俗话说，"好草好水养肥鹅"，说明水对鹅是非常重要的。由于鹅是水禽，一般都养在靠水的地方，在放牧中也常放水，故不容易发生缺水现象。但集约化饲养或舍饲时，应当注意保证满足鹅对饮水的需要。除保持充足清洁的饮水外，还应有一定水面的运动场，才能维持鹅正常的生长发育和生殖。

第二节　肉鹅常用饲料及其应用

一、青绿多汁饲料

鹅是草食家禽，青绿饲料是鹅所需养分的重要来源，特别是放牧条件下。青绿饲料主要包括野生牧草、栽培牧草、蔬菜、作物茎叶、青绿树叶、青饲作物、水生饲料等，具有来源广、成本低廉的优点。青绿饲料干物质中蛋白质含量高，品质好；钙含量高，且钙、磷比例适宜；粗纤维含量少，适口性好，容易消化；富含胡萝卜素和多种 B 族维生素。但青绿饲料一般含水量较高，含水量高达 70%～80% 以上，干物质含量少，有效能值低，因此在大量饲喂青绿饲料的条件下，要注意适当补充精料。

应用青绿饲料时应注意以下问题：①青绿饲料要现采现喂，使用前应进行适当调制，如清洗、切碎和打浆等，这有利于鹅采食和消化。不可喂剩草或霉烂变质的青草，因为青草霉烂变质后，可使其中的硝酸盐转变为亚硝酸盐，从而引起鹅中毒；②放牧或采集青绿饲料时，应了解青绿饲料的特性，有毒的或刚喷过农药的菜地、草地或牧草，要严禁采用和放牧，以防中毒；③含草酸多的青绿饲料，如菠菜、甜菜、牛皮菜等，应限制饲喂，否则的话，往往会干扰钙的利用而引起雏鹅佝偻病或瘫痪及母鹅产薄壳蛋和软壳蛋；④某些含皂素多的豆科牧草（如某些苜蓿品种）喂量不宜过多，过多的皂素会抑制雏鹅的生长；⑤幼嫩期青刈的玉米、高粱和苏丹草等禾本科牧草中含有氰甙配糖体，采食后会在体内转变为氢氰酸而中毒。为了防止中毒，宜在抽穗期刈割，也可调制成干草或青贮，使毒性减弱或消失；⑥应考虑植物不同生长期对养分含量和消化率的影响，适时刈割。一般来说，豆科牧草应在初花期至盛花期采收，而禾本科牧草应在孕穗期至抽穗期采收。此外，利用水生饲料时，还应防止寄生虫的蔓延。

二、蛋白质饲料

饲料干物质中粗蛋白质含量在 20% 以上、粗纤维含量在 18% 以下的饲料称为蛋白质饲料。按蛋白质来源，蛋白质饲料可分为植物性蛋白质饲料和动物性蛋白质饲料两类。

（一）植物性蛋白质饲料

有大豆饼（粕）、花生饼（粕）、向日葵饼（粕）、芝麻饼、棉籽饼（粕）和菜籽饼（粕）等。饼（粕）类是油料作物加工的副产品。生产工艺有两种，即溶剂浸提法和压榨法，前者获得的称粕，后者称饼。饼（粕）类饲料粗蛋白质含量高，一般为 30% ~46%，含有的氨基酸比谷实类齐全，是鹅饲养中常用的植物性蛋白质饲料。

1. 大豆饼（粕）

是饼粕类饲料中最好的一种，与含赖氨酸较少的玉米、高粱配合使用，可以提高饲料蛋白质的品质。大豆饼（粕）有促进雏鹅生长发育的作用，在饲料中可搭配 10% ~ 30%。大豆饼

（粕）添加蛋氨酸可代替鱼粉。生大豆和冷榨的大豆饼中含有抗胰蛋白酶，它能降低蛋白质的消化利用效率，所以不能生喂，要煮熟后使用。

2. 棉籽饼（粕）

蛋白质与赖氨酸含量均低于大豆饼（粕），而且含有棉酚。高温和微生物发酵处理可破坏棉酚的毒性。一般用量在 8% 以下。

3. 菜籽饼（粕）

蛋白质的质量与棉籽饼（粕）差不多，含粗蛋白质 36.4%，赖氨酸 1.23%。含有芥子硫苷，若不经去毒处理，容易引起中毒。发霉的菜籽饼（粕）危险性更大。一般在日粮中用量不超过 5%。

4. 花生饼（粕）

蛋白质含量在 40% 以上，赖氨酸含量与棉籽饼（粕）差不多。花生无毒，但发霉后的花生饼（粕）毒性很大，不能用作饲料。

5. 芝麻饼

产量很低，但含蛋氨酸很高，与其他饼类配合使用能大大提高饲料蛋白质的品质。

（二）动物性蛋白质饲料

常用的有鱼粉、肉骨粉、蚕蛹、蚯蚓、蝇蛆、屠宰场下脚料和血粉等。蛋白质含量高，品质好。必需氨基酸比较完全，又含有丰富的钙、磷、微量元素和维生素 B_{12} 等，还含有未知生长因子。对促进鹅的胚胎发育，加速雏鹅生长，提高种鹅产蛋能力和受精率等，都有明显效果。我国传统养鹅方法中极少用动物性蛋白质饲料，随着养鹅生产水平的提高，在有条件的情况下，饲料中适当搭配动物性蛋白质饲料，对促进鹅的生长和产蛋，效果相当理想。

1. 鱼粉

蛋白质含量高，粗蛋白质在 50% 以上，氨基酸完全，蛋氨酸、赖氨酸丰富，并含有较多的钙、磷和 B 族维生素，是一种好饲料。可占日粮的 3%～7%。

2. 肉骨粉

加工原料不同、含骨头的比例不同，含有的粗蛋白质在 45%～55%。肉骨粉的营养价值低于鱼粉，主要是蛋氨酸和赖氨酸含量偏低。

3. 羽毛粉

各种禽类羽毛，经高压蒸汽水解，晒干、粉碎即为羽毛粉。含粗蛋白质 80% 以上，有较多的胱氨酸、丝氨酸等，赖氨酸、组氨酸等偏少。此外还含有维生素 B_{12}。在雏鹅羽毛生长过程中可搭配 2% 左右的羽毛粉，以利于促进羽毛的生长。

4. 血粉

粗蛋白质含量在 80% 以上，比鱼粉高，富含赖氨酸、精氨酸，但氨基酸不平衡，适口性差，消化吸收利用率很低。含有大量的铁质。饲料中的用量不宜超过 5%。

5. 蚕蛹粉和蚯蚓粉

含粗蛋白质很多，在 60% 以上，质量好。但易受潮变质，影响饲料风味，用量为 4%～5%。

6. 饲用酵母

它不属于动物性饲料，但其蛋白质含量接近动物性饲料，所以常将其列入动物性蛋白质饲料。风干的酵母粉含水分 5%～7%，粗蛋白质 51%～55%，粗脂肪 1.7%～2.7%，无氮浸出物 26%～34%，灰分（主要是钙、钾、镁、钠、硫等）8.2%～9.2%。含有大量的 B 族维生素和维生素 A、维生素 D 及酶类、激素等。它不仅营养价值高，还是一种保护性饲料，在育雏期适当搭配一些饲用酵母有利于促进雏鹅的生长发育。

三、能量饲料

能量饲料是指饲料干物质中粗纤维含量小于 18%，粗蛋白质含量小于 20% 的饲料。这类饲料在鹅日粮中占的比重较大，是能量的主要来源，包括谷实类及其加工副产品。

1. 谷实类

谷实类饲料包括玉米、大麦、小麦、高粱等粮食作物的籽实。其营养特点是淀粉含量高，有效能值高，粗纤维含量低，适口性好，易消化；但粗蛋白含量低，氨基酸组成不平衡，色氨酸、赖氨酸、蛋氨酸少，生物学价值低，矿物质中钙少磷多，植酸磷含量高，鹅不易消化吸收，另外缺少维生素 D。因此，在生产上应与蛋白质饲料、矿物质饲料和维生素饲料配合使用。

（1）玉米　玉米可分黄玉米和白玉米，其能量价值相似。玉米含有大量优质淀粉，热量高，适口性好，易于消化，是鹅的良好能量饲料。但玉米的蛋白质含量仅为 8%～8.7% 左右，必需氨基酸不平衡，尤其缺乏赖氨酸、蛋氨酸和色氨酸，矿物质和维生素缺乏，在配制以玉米为主体的全价配合饲料时，与大豆粕（饼）及鱼粉搭配，容易达到氨基酸之间的平衡。一般情况下，玉米用量可占到鹅日粮的 30%～65%。玉米含脂肪多，粉碎后不宜久放，夏天不宜超过 5 天，春秋不宜超过 7 天，冬季不宜超过 15 天，否则脂肪易氧化变黄，适口性差。

（2）小麦　小麦含能量高，蛋白质含量相对较高，粗纤维少，B 族维生素含量也较丰富，适口性好，其粗蛋白质含量在禾谷类中最高，达 12%～15%，B 族维生素含量比较丰富，但缺乏维生素 A、维生素 D，无机盐少，黏性较大，也缺乏苏氨酸、赖氨酸，钙、磷比例也不当，使用时必须与其他饲料配合。

（3）大麦　大麦能量水平低于玉米和小麦，适口性较好。粗纤维含量高于玉米，但粗蛋白质含量较高，约占 11%～12%，品质优于其他谷物，B 族维生素含量丰富。大麦外壳粗硬，不易消化，宜破碎并限量使用。大麦在鹅饲料粮中的用量一般为

15%～20%，雏鹅应限量。

（4）高粱　高粱所含蛋白质含量与玉米相当，但品质较差，其他成分与玉米相似。由于高粱含单宁较多，味苦，适口性不如玉米、麦类，并影响蛋白质、矿物质的利用率，因此在鹅日粮中应限量使用，夏季比例控制在 10%～15%，冬季在 15%～20% 为宜。

（5）燕麦　粗蛋白质含量 9%～11%，含赖氨酸较多，但粗纤维含量也高，达到 10%，在鹅的日粮中可搭配 30% 以上。

（6）稻谷　含有优质淀粉，热量低于玉米，适口性好，易消化，适于肥育期使用，但所含蛋白质比玉米低，并缺乏维生素A、维生素D，无机盐少，在饲养效果上不及玉米。在鹅的日粮中可占 50%～70%。

（7）小米　它含有较优质蛋白质和B族维生素，黄色小米并含有维生素A、维生素D，营养成分好，适口性强，是雏鹅的理想饲料，尤其是雏鹅开食时的好饲料。在饲喂雏鹅时，最好先经开水浸泡或煮半熟后与青菜混合喂给雏鹅。

（8）碎米　为碾米厂筛出来的细碎米粒，淀粉含量高，纤维素含量低，含粗蛋白质约 8.8%，价格低廉，容易消化吸收，但缺乏维生素A、维生素B、钙和黄色素，亮氨酸含量较低，可用来代替部分玉米，用量可占日粮的 30%～50%，为常用的开食料。

（9）杂草籽　种类很多，营养价值差别较大，各种无毒、无异味、适口性好的杂草籽都可粉碎喂鹅。在成年鹅的饲料中可搭配 20% 左右。

2. 糠麸类

糠麸类饲料是谷类籽实加工制米或制粉后的副产品。其营养特点是无氮浸出物比谷实类饲料少，粗蛋白含量与品质居于豆科籽实与禾本科籽实之间，粗纤维与粗脂肪含量较高，易酸败变质，矿物质中磷大多以植酸盐形式存在，钙、磷比例不平衡。另外，糠麸类饲料来源广、质地松软、适口性好。

（1）麦麸　包括小麦、大麦等的麸皮，含蛋白质、磷、镁和 B 族维生素较多，适口性好，质地蓬松，具有轻泻作用，是饲养鹅的常用饲料，但粗纤维含量高，应控制用量。一般雏鹅和产蛋期占日粮的 5%～15%，育成期 10%～25%。

（2）米糠　米糠是糙米加工成白米时分离出的种皮、糊粉层、胚及少量胚乳的混合物。因其粗脂肪含量高，极易氧化酸败，故不能长时间存放；粗蛋白质含量低于小麦麸，约为 12% 左右，但蛋氨酸含量高达 0.25%，与豆粕配伍较好；含有丰富的磷、维生素 E、维生素 B_1、烟酸含量丰富，但钙的含量较少。由于米糠中粗纤维也多，影响了消化率，同样应限量使用。一般占雏鹅日粮的 5%～10%，育成期 10%～20%。

3. 糟渣类

糟渣类饲料来源广，种类多，价格低廉，如糠渣、黄（白）酒糟、啤酒糟、甜菜渣、味精渣等，含有丰富的矿物质和 B 族维生素，多数适口性良好，均是养鹅价廉物美的饲料，其添加量有的甚至可达 40%。但是这类饲料含水量高，易腐败发霉变质，饲喂时必须保证其新鲜，同时，在育肥后期和产蛋期应减少喂量。

四、粗饲料

粗饲料主要包括干草类、农副产品类、风干后的树叶类和糟渣类等。国外以青干草为主，国内尤其是农区则以农副产品类为主。此类饲料的共同特点如下。

（1）碳水化合物中粗纤维高而无氮浸出物低，因而消化率低。如干草粗纤维一般在 25%～30%，秸秆和皮壳则高达 30% 以上，且粗纤维中木质素较高，很难消化；另外，无氮浸出物低尤其是淀粉和糖较少，主要是多缩戊糖，所以无氮浸出物消化率也较低。

（2）粗蛋白含量差异很大。豆科干草和地瓜蔓蛋白质含量

可达 10% ~ 19%，禾本科干草只 6% ~ 10%，秸秆和皮壳仅
3% ~ 5%。

（3）矿物质中，钙含量豆科粗饲料较高，其他则较低，如
豆科干草及秸秆 1.5% 左右，禾本科干草只 0.2% ~ 0.4%；各种
粗饲料磷均较低，干草多在 0.15% ~ 0.3%，秸秆则在 0.1% 以
下；但粗饲料中钾均较高。

（4）维生素 D 丰富而其他维生素较少，其原因是植物中麦
角固醇经紫外线照射后可转变为维生素 D。

虽然鹅为草食家禽，但与草食家畜相比，对粗饲料的消化率
仍然偏低，对含粗纤维很高的干草及作物秸秆，只能有限地利
用，所以粗饲料在鹅饲料中的比例不应太高，一般以 25% ~
30% 以下为宜，否则，会降低鹅的生产性能。

第三节　肉鹅的饲养标准与日粮配合

一、鹅的饲养标准

饲养标准是通过科学试验，对鹅在不同生长发育阶段、不同
饲养水平下，对各种营养物质的需要量制定的一个大致的标准。
饲养标准是现代科学养鹅的主要措施之一。但随着国家、地区、
生产水平等的差异，在参考使用某一标准时应灵活掌握。在使用
饲养标准时应注意以下几点。

1. 饲养标准的应用，应根据本地区生产水平、经济条件，
因地制宜，灵活运用。

2. 在应用饲养标准时必须观察实际饲养效果，鹅群生长状
况，不断总结经验，适当调整日粮，使标准更接近实际。

3. 饲养标准不是永恒不变的，它是鹅对营养物质需要量的
近似值，随着科学的进步和生产水平的提高，对现行标准应进行
不断地修订、充实和完善。

关于鹅的饲养标准，国外研究很多。我国目前还没有制定出

适合我国鹅种的饲养标准，生产实践中，往往引用或借鉴国外鹅的饲养标准。但必须根据我国养鹅业的实际情况和我国鹅种的特性进行选用，并根据实际的饲养效果加以修改和调整。现介绍美国和苏联鹅的饲养标准，供参考。美国家禽饲养标准（NRC，1994）见表5－1。

表5－1　美国家禽饲养标准中鹅的营养需要量

营养成分	雏鹅 （0~4 周）	生长鹅 （4 周龄以后）	种鹅
代谢能（兆焦/千克）	12. 13	12. 55	12. 13
蛋白质（%）	20	15	15
赖氨酸（%）	1	0. 85	0. 6
蛋氨酸＋胱氨酸（%）	0. 6	0. 5	0. 5
钙（%）	0. 65	0. 6	2. 25
非植物磷（%）	0. 3	0. 3	0. 3
维生素 A（国际单位/千克）	1 500	1 500	4 000
维生素 D_3（国际单位/千克）	200	200	200
胆碱（毫克/千克）	1 500	1 000	—
烟酸（毫克/千克）	65	35	20
泛酸（毫克/千克）	15	10	10
核黄素（毫克/千克）	3. 8	2. 5	4

注：①表中未列出的营养需要量请参考鸡的营养需要；②引自美国 NRC（1994，第9版）。

二、日粮配合

1. 日粮配合的意义

鹅属节粮型家禽，长期以来我国农村采用放牧饲养方式饲养肉鹅和种鹅，而且使用单一的谷物饲料，成本低，营养成分单一，不仅影响了雏鹅的生长发育和种鹅产蛋潜力的发挥，而且造成饲料的浪费。雏鹅阶段由于雏鹅相对生长速度最快，需要较高的蛋白质水平，产蛋期间种鹅日粮需达到一定的蛋白水平，才能正常发挥其产蛋潜力。但农户习惯上采用小米、大米、小麦和玉米等饲料，导致雏鹅生长发育受阻。实践证明，在日粮营养全面的饲养条件下，雏鹅生长速度较快，提早达到上市体重，缩短了饲养周期，又节约了饲料，降低了生产成本。因此，科学配合日粮是提高雏鹅和种鹅生产潜力的有效方法。

2. 日粮配合的原则

在生产实践中，日粮配合时首先应了解饲料配合的基本原则，否则不能配制出营养全面、饲料原料搭配合理、成本低、充分发挥出鹅的最大生产潜力的日粮。日粮配合是根据饲养标准，结合具体的饲养条件、品种、年龄等进行饲料的科学配合。鹅的日粮配合应遵循以下基本原则。

（1）科学性　日粮配合的依据是鹅的饲养标准和营养价值表。

（2）实用性　因地制宜，充分利用当地饲料资源，同时，应考虑到饲料成本和经济效益。

（3）经济性　饲料是养鹅生产的主要开支，饲料成本直接影响到养鹅的经济效益。鹅对粗纤维饲料的利用率较高，应考虑含粗纤维较多的饲料的利用效果，日粮配合必须考虑到鹅的生理特点、生产用途、品种性能和环境季节的差异。力求降低饲料成本。

（4）多样化　饲料要力求多样化，不同饲料种类的营养成分不同，多种饲料可起到营养互补的作用，以提高饲料的利用率。

（5）灵活性　日粮配方可按饲养效果、饲养管理经验、生产季节和养鹅户的生产水平进行适当的调整，但调整的幅度不宜过大，一般控制在10%以下。

3. 日粮配合示例鹅的日粮配方示例（表5-2）。

表 5 - 2　鹅的饲料配方 （%）

日粮成分	雏鹅	育成期	产蛋期	备注
玉米	60	55	48	
啤酒糟	13	25	25	粗蛋白质25%以上
曲酒糟	2	10	6	
豆饼	5.8	3	6	
酵母蛋白粉	5	2	2	粗蛋白质50%以上
菜籽饼	7	2	3	
蚕蛹	2		1.5	
肉粉	2			粗蛋白质65%以上
骨粉	2.4	2.2	2.2	
碳酸钙			5.5	
微量元素添加剂	0.5	0.5	0.5	
食盐	0.3	0.3	0.3	
合计	100	100	100	

第六章 无公害肉鹅的高效饲养管理技术

第一节 雏鹅的无公害培育及饲养管理技术

一、雏鹅的生理特点

1. 生长发育速度快

雏鹅的早期生长极为迅速。如：小型鹅种豁眼鹅快长系公鹅2周龄活重475克，为其初生重的5.4倍，6周龄活重1901克，为其初生重的21.9倍，8周龄活重2552克，为其初生重的29.3倍；中型鹅种四川白鹅2周龄体重达到388.7克，为其初生重的4.4倍，6周龄活重1761克，为其初生重的19.7倍，10周龄体重为3299克，为其初生重的36.9倍；朗德鹅2周龄体重为初生重的5倍，6周龄为28.5倍，8周龄为40.8倍，早期生长速度更为迅速。

2. 公、母雏鹅生长速度差异大

同样饲养管理条件下，雏鹅期公鹅比母鹅增重高5%～25%，饲料报酬也高。据报道，公、母鹅分开饲养，60日龄时的成活率比公、母鹅混合饲养高1.8%，每千克增重少耗料0.26千克，母鹅活重多251克。因此，育雏期最好公、母鹅分群饲养。

3. 体温调节机能较差

初生雏鹅绒羽稀薄，自身产热量较少，体温调节机能较差，抗寒能力较弱，对环境温度的变化十分敏感，对外界环境的适应能力和抵抗力较弱。随着雏鹅日龄的增加以及羽毛的生长与脱

换，雏鹅的体温调节机能逐渐增强，到 10 日龄时逐渐接近成年鹅的体温（41~42℃）。因此，提供适宜的育雏温度，对于促进雏鹅的生长发育，提高雏鹅的成活率有着直接的影响。

4. 消化道容积小，消化机能差

30 日龄内的雏鹅，尤其是小于 20 日龄的雏鹅，消化系统发育不健全，消化道的容积小，肌胃的收缩能力较差，消化能力弱，食物排空的时间比雏鸡快得多（雏鹅 1.3 小时，雏鸡 4 小时）。因此，在饲养管理上应喂给营养全面、容易消化的全价配合饲料，给饲时应少喂多餐，以满足雏鹅生长发育的营养需要。

5. 雏鹅新陈代谢旺盛

雏鹅新陈代谢非常旺盛，体温高，需氧气量大，排出二氧化碳量多，即：单位体重所需换气量高，因此，鹅舍的通风换气很关键。

6. 雏鹅敏感性强

幼雏对饲料中各种营养物质缺乏或有毒药物过量，环境不适，都会较快地出现病理反应；胆小易受惊吓，因此，要避免噪音及惊吓，非工作人员禁止入舍，保持环境安静。

二、育雏前的准备工作

育雏前，除了准备好常用的育雏设备和保温设备（保温伞、箩筐、红外线灯等）外，规模化饲养场还需做好如下准备工作。

1. 育雏场地、设施的检修

接雏前要对育雏舍进行全面检查，对有破损的墙壁和地板要修补，保证室内无"贼风"入侵，鼠洞要堵好。照明用线路、灯泡必须完好，灯泡个数及分布按每平方米 3 瓦的照度安排。检查供暖设备，并按雏鹅所需备好料槽、饮水设备。

2. 育雏舍和用具消毒

育雏舍内外在接雏前 5~7 天应进行彻底的清扫消毒。隔墙可用 20% 石灰乳刷新，地面、天花板可用消毒液喷洒消毒，喷洒后关闭门窗 24 小时，然后开窗换气。或者采用福尔马林、高锰酸钾熏蒸消毒，彻底通风后待用。育雏用料槽、饮水器、竹篱等可用消毒王等消毒药洗涤，然后再用清水冲洗干净。垫料应用干燥、松软、无霉烂的稻草、锯屑或其他作物秸秆。保温覆盖用的棉絮、棉毯、麻袋等，使用前需经阳光暴晒 1～2 天。育雏舍出入处应设有消毒池，供进入育雏舍的人员随时进行消毒，严防带入病原体。

3. 饲料、药品准备

进雏前应准备好开食饲料、补饲饲料及相关药品。传统的雏鹅开食饲料，一般多用小米和碎米，经过浸泡或稍经蒸煮后饲喂，但这种饲料营养不全面，最好是从一开始就喂给混合饲料，如果喂给颗粒料其效果会更好。一般每只雏鹅 4 周龄育雏期需备精料 3 千克左右，优质青绿饲料按每只鹅 8～10 千克进行种植。同时要准备雏鹅常用的一些药品，如复合维生素、葡萄糖、含碘食盐、高锰酸钾、青霉素、土霉素、恩诺沙星、庆大霉素、禽力宝和驱虫类药物等。

4. 预温

雏鹅舍的温度应达到 15～18℃才能进雏鹅。地面或炕上育雏的，应铺上一层 10 厘米厚的清洁干燥的垫草，然后开始供暖。通常在进雏前 12～24 小时开始给育雏舍供热预温，使用地下烟道供热时要提前 2～3 天开始预温。同时，备好温度计随时观测昼夜温度变化。

三、育雏的环境条件

1. 温度

育雏温度和雏鹅的体温调节、采食、饮水、活动以及饲料的消化吸收有密切的关系。刚出壳的雏鹅绒毛稀而短，体温调节机能较差，抗寒能力较弱。直到 10 日龄时才逐渐接近成年鹅的体温（41～42℃）。因此，提供适宜的育雏温度，对于促进雏鹅的生长发育，提高雏鹅的成活率有着直接的影响。

雏鹅对温度的变化非常敏感，不同的育雏温度，其育雏效果不相同。在实际的育雏管理中，判断育雏温度是否适宜，主要根据雏鹅的活动状态来判断。育雏温度过低时，雏鹅互相拥挤成团，似草垛状，绒毛直立，躯体蜷缩，发出"叽叽"的尖叫声，雏鹅开食饮水不好，弱雏增多，严重时造成大量的雏鹅被压伤、踩死；温度过高时，雏鹅表现为张口呼吸，精神不振，食欲减退，频频饮水，并表现远离热源，往往分布于育雏室的门、窗附近，容易引起雏鹅的呼吸道疾病或感冒；温度适宜时，雏鹅表现出活泼好动，呼吸平和，睡眠安静，食欲旺盛，均匀分布在育雏室内。对于育雏温度要灵活掌握，不同品种、季节对育雏温度的要求不同。在育雏期间，温度必须平稳下降，切忌忽高忽低等急剧变化。

在育雏期间应做到适时脱温，雏鹅的保温期在不同季节有较大的差异，当外界气温较高或天气较好时，雏鹅在 3～5 日龄可进行第一次放牧和下水，白天可停止加温，在夜间气温低时加温，即开始逐步脱温；在寒冷的冬季和早春季节，气温较低，可适当延长保温期，但也应在 7～10 日龄开始脱温。

2. 湿度

潮湿对雏鹅的健康和生长发育有很大的影响。当采用自温育雏时，往往存在保温和防湿的矛盾，加盖覆盖物时温度上升，湿度也同时增加，特别是雏鹅的日龄较大时，采食和排泄物增多，湿度往往较大，因此，在使用覆盖物保温的同时，不能密闭，应留有通风孔。在低温高湿情况下，雏鹅体热散发过多而感到寒冷，易引起感冒和下痢、扎堆，增加僵鹅、残次鹅和死亡率，这是导致育雏成活率下降的主要原因。高温高湿时，雏鹅体热的散发受到抑制，体热的积累造成物质代谢和食欲下降，抵抗力减弱，同时引起病原微生物的大量繁殖，是发病率增加的主要原因。因此，育雏期间，育雏室的门窗不宜长时间关闭，要注意通风换气，防止饮水外溢，应经常打扫卫生，保持舍内干燥。育雏期间湿度一般前期控制在 60%～65%、后期 65%～70% 为宜。

3. 通气与阳光

通风与温度、湿度三者之间应互相兼顾，在控制好温度的同时，调整好通风。随着雏鹅日龄的增加，呼出的二氧化碳、排泄的粪便以及垫草中散发的氨气增多，若不及时进行通风换气，将严重影响雏鹅的健康和生长。过量的氨气引起呼吸器官疾病，降低饲料报酬。舍内氨气的浓度保持在 0.001% 以下，二氧化碳保持在 0.2% 以下为宜。一般控制在人进入鹅舍时不觉得闷气，没有刺眼、鼻的臭味为宜。

阳光对雏鹅的健康影响较大，阳光能提高鹅的生活力，增进食欲，还能促进某些内分泌的形成，性激素和甲状腺素的分泌。禽体的 7-脱氢胆固醇经紫外线照射变为维生素 D_3，有助于钙、磷的正常代谢，维持骨骼的正常发育。如果天气比较好，雏鹅从 5~10 日龄开始可逐渐增加舍外活动时间，以便直接接触阳光，增强雏鹅的体质。

四、育雏期的饲养管理

雏鹅的培育，除了掌握雏鹅的饲养技术之外，还应精心管理。饲养与管理关系密切，相辅相成，缺一不可。雏鹅管理是育雏成败的关键之一，对保证雏鹅的生长发育，提高雏鹅的成活率有着直接影响。

（一）雏鹅的潮口与开食

雏鹅出壳后 24~36 小时开食。食前饮水，又称为"潮口"，潮口要结合雏鹅的动态灵活掌握，一般直接先给雏鹅"初饮"。潮口的水要清洁卫生，用 0.05% 的高锰酸钾或 5%~10% 葡萄糖水和适量复合维生素加入温度 26℃ 左右的水，有利于清理胃肠，刺激食欲，排出胎粪，吸收营养。潮口后即可喂料，第一次喂料称"开食"。雏鹅要求饲料清洁干净和加工精细，常用碎米，应予淘洗，并用清水浸泡约 2 小时，喂前将水沥干。青饲料要求新鲜、幼嫩多汁，以菜叶、莴苣叶为最佳，这些青饲料也应淘洗干净后沥干，再切成丝状。大群饲喂时，可先把碎米撒在席子或塑料布上，任雏鹅啄食，然后再加喂青料。这样做可以防止雏鹅专拣吃青料而少吃碎米，可满足其营养需要，也可避免因食青料过量而引起拉稀。开食时间过早往往易产生便秘而致死，开食时间过迟则雏鹅不能及时补充营养，对其生长发育起阻碍作用。何时开食，应视潮口时间与鹅的具体情况而定。体型大、健壮的雏鹅可适当提早开食；体型小、较弱者，应适当延迟开食时间。雏鹅开食时一般都不会吃料，需经调教。第一次喂食不要求雏鹅吃饱，只要能吃进一点饲料即可。过 2～3 小时，再用同样方法调教，几次以后雏鹅就会自动采食了。

（二）日粮配制与饲喂

雏鹅的饲料包括精饲料、青饲料、矿物质、维生素和添加剂等。刚出壳的雏鹅消化功能较差，应喂给易消化的富含能量、蛋白质和维生素的饲料。雏鹅日粮的配制可根据日龄的增长及当地的饲料来源，配制成营养水平较合理的配合饲料，与青绿饲料拌喂。饲喂原则为"先饮后喂，定时定量，少给勤添，防止暴食"。

1. 集约化育雏

在现代集约化养鹅中，多喂以全价配合饲料。1～21 日龄的雏鹅，日粮中粗蛋白质水平为 20%～22%，代谢能为 11.3～11.72 兆焦/千克；28 日龄起，粗蛋白质水平为 18%，代谢能约为 11.72 兆焦/千克。饲喂颗粒料较粉料好，因其适口性好，不易粘嘴，浪费少。喂颗粒饲料比喂粉料可节约 15%～30% 的饲料。实践证明，喂给富含蛋白质日粮的雏鹅生长快、成活率高。比喂给单一饲料的雏鹅可提早 10～15 天达到上市的标准体重。另外，鹅是草食水禽，在培育雏鹅时要充分发挥其生物学特性，补充日粮中维生素的不足时，最好用幼嫩菜叶切成细丝喂给。缺乏青饲料时，要在精饲料中补充 0.01% 的复合维生素。育雏期饲喂全价配合饲料时，一般都采用全天供料，自由采食的方法。

2. 传统育雏

（1）1~3日龄　1~3日龄雏鹅食料较少，每天喂4~5次，其中晚上21：00 1次。开食饲料以青、精饲料混合，要求新鲜、易消化，青饲料要洗净后切成细丝状。混合饲料中以青饲料占65%~70%、配合饲料占30%~35%为宜。开食喂量以1 000只雏鹅1天5千克青料，2.5千克精料为宜。以后逐日增加，同时要满足其饮水，开食2~3天后逐步改用料槽喂给。

（2）4~10日龄　随日龄增加，雏鹅的消化能力与食欲增强，需增加喂料次数和喂料量。每天可喂6~8次，其中晚上喂2~3次。每次喂青料时，加入适量的米饭粒，米饭粒不能黏糊，喂前用清水浸泡，然后在草席上摊开，稍晾干后才喂，以免粘嘴。有条件的可掺喂颗粒饲料。4日龄可添喂沙砾，直径为1~1.5毫米，添加量为0.5%。

（3）11~20日龄　以喂青料为主，日粮配合比例青饲料80%~90%，配合饲料10%~20%。每天喂6次，其中晚上2次。如天气晴暖，可以开始放牧。放牧前不喂料，促使雏鹅在牧地采食青草。10日龄后，可添加2.5~3毫米大小的沙砾，每周喂量4~5克；也可设沙砾槽，雏鹅可自由采食。放牧鹅可不喂沙砾。

（4）21~30日龄　雏鹅对外界环境适应性增强，放牧饲养时，可延长放牧时间。日粮中的精饲料可由碎米、小米等逐步变为煮至裂开的谷粒（又称"开口谷"），并逐渐加喂湿谷。舍内饲养时，日粮配合比例为青饲料90%~92%，配合饲料8%~10%。每天喂5次，其中晚上1~2次。

（三）雏鹅的管理

1. 保温与防湿

在育雏期间，经常检查育雏温度的变化。如育雏温度过低、雏鹅扎堆时，应及时哄散，并尽快将温度升到适宜的范围；温度过高时也应及时降温。随着雏鹅日龄的增长，应逐渐降低育雏温度。在冬季、早春气温较低时，7～10 日龄后逐渐降低育雏温度，到 10～14 日龄达到完全脱温；而在夏秋季节则到 7 日龄可完全脱温，其具体的脱温时间视天气的变化略有差异。

在保温的同时应注意防潮湿。雏鹅饮水时往往弄湿饮水器或水槽周围的垫料，加之粪便的蒸发，必然导致室内湿度和氨气等有害气体浓度的升高。因此，育雏期间应注意室内的通风换气，保持舍内垫料的干燥、新鲜，空气的流通，地面干燥清洁。

2. 放牧

雏鹅的适时放牧，有利于增强雏鹅适应外界环境的能力，增强体质。春季育雏，4～5 日龄起可开始放牧，选择晴朗无风的日子，喂料后放在育雏室附近平坦的嫩草地上，让其自由采食青草。开始放牧的时间要短，随着雏鹅日龄的增加，逐渐延长室外活动时间，放牧时赶鹅要慢。放牧要与放水相结合，放牧地要有水源或靠近水源，将雏鹅赶到浅水处让其自由下水、戏水，既可促进体内的新陈代谢，使其长骨骼、肌肉、羽毛，增强体质，又利于羽毛清洁，提高抗病力，切忌将雏鹅强迫赶入水中。

开始放牧放水的日龄视气候情况及雏鹅的健康状况而定。夏季可提前 1～2 天，冬季则宜推迟。放牧的时间和距离随日龄的增长而增加，以锻炼雏鹅的体质和觅食能力，逐渐过渡到以放牧为主，减少精料的补饲，降低饲养成本。

3. 防御敌害

雏鹅体质较弱，防御敌害的能力较弱。鼠害是雏鹅最危险的敌害。因此，对育雏室的墙角、门窗要仔细检查，堵塞鼠洞。在农村还要防御黄鼠狼、猫、犬、蛇等危害，在夜间应加倍警惕，并采取有效的防卫措施。

第二节　育成期肉鹅的饲养管理技术

雏鹅养至 4 周龄时，即进入育成期。从 4 周龄开始至产蛋前为止的时期，称为种鹅的育成期，这段时期的鹅称为育成鹅。此期一般分为限制饲养阶段和恢复饲养阶段。

一、育成鹅的生理特点

了解种鹅育成期的生理特点，科学地制定出相应的饲养管理方案，育成体质健壮、高产的种鹅群，是育成期种鹅饲养管理的重要目标。

1. 消化机能旺盛，耐粗放饲养

育成鹅消化道容积大，消化机能旺盛，采食量大，一次可采食大量的青粗饲料，比其他家禽消化粗纤维的能力高 40% ~ 50%。由于其代谢旺盛，对青粗饲料的消化能力强，因此，在种鹅的育成期应利用放牧能力强的特性，采取以放牧为主，补饲为辅的饲养方式，加强锻炼，培育出适应性强，耐粗饲，增重快的后备鹅群。

2. 生长速度快

此时鹅的羽毛已丰满，具备了健全的体温调节能力，对外界环境的适应力也逐渐增强，抗病力提高，生长快。此阶段鹅的骨骼、肌肉和羽毛生长速度最快，尤其育成期的前期，是鹅骨骼发育的主要阶段。2 周龄时骨骼占体重的 35% 左右，6 周龄时达到 60% 左右，8 周龄后生长速度开始下降。因此，8 周龄前应供应充足的钙、磷等矿物质饲料，饲喂营养全价平衡的日粮，促进骨骼、肌肉等器官的快速发育。

如果补饲日粮的蛋白质过高，会加速鹅的发育，导致体重过大过肥，并促其早熟，而鹅的骨骼尚未得到充分的发育，致使种鹅骨骼发育纤细，体型较小，提早产蛋，往往产几个蛋后又停产换羽。说明鹅体各部分的生理功能不协调，生殖器官虽发育成熟，但不完全，开产以后由于体内营养物质的消耗，出现停产换羽。因此，种鹅的育成期应逐渐减少补饲日粮的饲喂量和补饲次数，补饲日粮保持较低的蛋白质水平，有利于骨骼、羽毛和生殖器官的充分发育；由于减少了补饲日粮的饲喂量，既节约饲料，又不致使鹅体过肥、体重太大，保持健壮结实的体格。

3. 合群性强、易于调教、喜戏水

合群性强，喜欢群居，神经类型敏感，条件反射能力强，是鹅的重要生活习性，因此，饲喂、放牧、放水等管理工作每天有规律定时进行，鹅群很容易形成条件反射，养成良好生活规律，给放牧和规模化饲养提供了有利条件。公鹅勇敢善斗、机警善鸣和相互呼应，常常防卫性地追逐生人，农户常用来守家。育成鹅喜戏水，每天有近 1/3 的时间喜欢在水中活动。

二、肉用仔鹅的饲养方式

肉用仔鹅的饲养方法主要有舍饲育肥、圈养育肥和强制育肥。育肥期通常为 15~20 天。采用什么方式、方法育肥，要根据饲料、牧草、鹅的品种、季节和市场价格来确定。

1. 舍饲育肥

在没有放牧条件或天然饲料较少的地区宜采用此法。育肥舍可建造成既有水面又有运动场所的鹅舍，利用自然温度，夏季通风良好，鹅舍清洁凉爽适宜。适当限制鹅的活动并饲喂全价配合饲料。饲料中也要添加一些沙粒或将沙粒放在运动场的角落里，任鹅采食，以助于消化。饲料要多样化，每天喂 3~4 次，任其饱食，不能剩余，以吃完为宜。饱食后让鹅在运动场的饮水池中饮水，防止鹅舍湿度过大，保持地面干燥，也可白天放在舍外，晚上赶回鹅舍，舍内安装白炽灯以便于采食、饮水，但光照度不宜过强，能看见采食即可，夏季要适当限制饮水，防止地面过分潮湿。舍内的垫料要经常翻晒或添加，垫料不够厚易造成仔鹅胸囊肿，从而降低屠体品质。夏季气温过高可让鹅群在舍外过夜。一般育肥密度每平方米 3~4 只，育肥 3 周即可出栏。

2. 圈养育肥

圈养育肥就是把鹅圈养在地面上，限制其活动，并给予大量富含碳水化合物的饲料，让其长膘长肉。圈养常用竹片（竹围）或高粱秆围成小栏，每栏养鹅 1~3 只，栏的大小不超过鹅的 2

倍，高为60厘米，鹅可在栏内站立，但不能昂头鸣叫，经常鸣叫不利育肥。饲槽和饮水器放在栏外，鹅可以伸出头来吃料、饮水。白天喂3次，晚上喂1次。所喂的饲料可以玉米、糠麸、豆饼、稻谷为主，效果很好。为了增进鹅的食欲，在育肥期应有适当水浴和日光浴。隔日让鹅下池塘水浴1次，每次约10~20分钟，浴后在运动场晒日光浴，梳理羽毛，最后才赶鹅进舍休息。这样大约经半月左右的育肥，膘肥毛足即可宰杀，否则逾期又会换羽掉膘。

3. 强制育肥

育肥法俗话称"填鹅"，是将配制好的饲料填条，一条一条地塞进食管里，强制吞下去，再加上安静的环境，活动减少，鹅就会逐渐肥胖起来，肌肉也丰满、鲜嫩。此法能缩短肥育期，肥育效果好，但比较麻烦。填饲肥育法又分手工填肥法和机器填肥法。

（1）填饲饲料 填肥开始前按体重大小和体质强弱分群饲养。最好将鹅群按公、母分开填饲，因为公鹅的生长速度比母鹅快。将混合饲料用水调制成稠粥状，料水各占一半左右。填饲初期水料可稀一些，后期应稠一些。填饲前先把水稀料焖浸约4小时，填饲时用填饲机搅拌均匀后再进行。夏季高温时不必浸泡饲料，防止饲料变馊，或只进行短时浸泡。开始时，填食量以每次150克水料（水料比62∶38或56∶64）为宜，逐渐增加，到8天后每次填饲水料350~400克。凉爽季节，每次填饲水料可适当增加2%~10%。填饲时间为每昼夜4次，即上午9∶00、下午15∶00、晚上21∶00和清晨3∶00。手工填饲每人每小时只能填40~50只，手压填鹅机每人每小时可填鹅300~400只，电动填鹅机每人每小时可填鹅1 000多只。现在一般采用填鹅机进行肉鹅填饲。

（2）填饲方法

①手工填肥法：由人工操作，一般要两人互相配合。手工填

饲法是填饲员左手固定住鹅头，不使鹅头往下缩，并使鹅不能乱动，助手将饲料顺着插入食道的饲管逐渐加入，由于填饲管只能将饲料填饲插入食道的中部，因此要用右手拇指、食指和中指在鹅的颈部轻轻地将填入的饲料往食道膨大部填下，添满后再将填饲管向上移，直至颈部食道填满，一直填到距咽喉 5 厘米处为止。将饲管退出食道后填饲员要捏紧鹅嘴，并将鹅喙垂直向上拉扯，右手指轻轻地将食道上端的饲料往下捋 2～3 次使饲料尽可能下到食道中段，然后将填鹅往鹅圈方向轻轻放下让鹅自行归圈。

②机器填肥法：是填饲员的左手抓住鹅头，食指和大拇指捏住鹅嘴基部，右手食指伸入鹅口腔，将鹅舌压向下腭，然后将鹅嘴移向机器，小心地将事先涂上油的喂料小管插入食道的膨大部，应注意使鹅颈伸直，填肥人员左手握住鹅嘴，右手握住鹅颈部食道内喂料小管出口处，然后开动机器，右手将食道内饲料捋往食道下部，如此反复，直到饲料填到比喉头低 1～2 厘米时，可关机停喂，右手握住鹅的颈部饲料的上方和喉头，使鹅离开填饲机的小管，为了防止鹅吸气时饲料掉进呼吸道，导致窒息，填肥人员的右手应将鹅嘴闭住，并将颈部垂直向下拉，用右手食指和拇指将饲科向下捋 3～4 次。饲料不要填太多，以免过分结实，堵塞食道，引起食道破裂。通常一次可喂 500～700 克饲料，一周后可填饲 1 千克饲料。填饲时问为每昼夜 4 次，即上午 9：00、下午 15：00、晚上 21：00 和清晨 3：00。填饲的头 1 周，每天填喂 2 次，以后每天填饲 1 次，在 28 天的填饲期，每只鹅消耗饲料 18～21 千克，在每次填饲前要检查每只鹅的消化情况，如果饲料不消化，应停止填喂。若滞食者超过 3 天就应屠宰。

第三节　肉用种鹅的饲养与管理技术

一、种母鹅的饲养管理

不同品种的鹅，生产性能差异较大，成熟期、产蛋季节和每窝产蛋时间长短都不一致，因此，各地饲养种鹅的方法也就有所不同。下面对产蛋前期、产蛋期及休产期3个阶段的饲养管理进行介绍。

（一）产蛋前期

1. 种鹅的选择

在后备种鹅转入产蛋时，要再次进行严格挑选。此时鹅的生长发育已基本完成，生产性能已全面表现，体质外貌已经定形，应进行正式的个体综合鉴定。育成鹅（后备种鹅）要选留那些体重、膘情适中，体型、外貌、毛色符合本品种要求，适时开产（200～240日龄）的母鹅。对于经产种鹅，要参考以往的产蛋记录，选留产蛋多、蛋重适中（130克以上）、蛋形与壳色正常且无抱性的母鹅。每群应为60～100只，并保持适当的公、母比例：中型鹅1:（4～5），小型鹅1:（6～7）。另外，留3%左右的后备公鹅。种公鹅除对其外貌、体型、生长发育情况检查外，最主要的是检查其阴茎发育是否正常，性欲是否旺盛，精液品质是否优良。最好用人工采精的办法来鉴别后备公鹅，选留能够顺利采出精液者、阴茎较大者。种母鹅的选择，重点放在与产蛋性能有关的特征和特性上，母鹅只剔除少量瘦弱、有缺陷者，大多数都要留下作种用。

2. 增加光照

后备鹅通常采用自然光照。种鹅临近开产时，用6周的时间逐渐增加每日的人工光照时间，使种鹅的光照时间（自然光照＋人工光照）达到产蛋期的16小时。不同地区、不同品种、不同季节自然光照时间有差异，可进行灵活调整。

3. 饲喂

产蛋前期包括两种情况：一种是后备种鹅经过放牧为主的限制饲养；另一种是2年龄以上的种鹅经过休产期。要求在鹅群产蛋前1个月就开始补饲精料，每天喂2～3次，使鹅群的体质迅速恢复，适当提高体重，为产蛋积累营养物质。配合的饲料，除增加谷物类、饼类饲料外，还要适当补加沙粒和贝壳等。精料补饲是否合适可通过检查鹅的粪便来判断，如果鹅粪粗大而松散，轻轻一拨就能分成几段，表明鹅料的精、青料比例适当；如果鹅粪细小而坚实，则说明鹅饲料精多青少，要酌情进行调整。

4. 加强卫生防疫

产蛋前的种鹅可进行一次驱虫。母鹅要注射小鹅瘟疫苗。

（二）产蛋期

1. 开产母鹅的识别

临产母鹅可根据羽毛、体态、食欲和配种要求等加以鉴定。

（1）从羽毛上观察　临产母鹅全身羽毛光泽，尾羽与背平直，腹下及肛门附近羽毛平整，全身羽毛紧凑，尤其是颈羽光滑紧贴。

（2）从体态上观察　临产母鹅行动迟缓，腹部饱满松软而有弹性，耻骨间的距离达四指左右，肛门呈菊花状。

（3）从食欲上观察　临产母鹅食欲增大，开产前10天左右就在舍周围寻找贝壳等矿物质饲料。

（4）从交配上观察　临产母鹅主动寻求接近公鹅，下水时频频上下点头，要求交配，或母鹅间互相爬踏并有衔草做窝现象。

2. 饲喂

母鹅进入产蛋期后，应适时调整口粮的营养浓度。在喂精料的同时，还应注意补喂青绿饲料，防止种鹅采食过量精料，引起过肥。否则会影响正常排卵和蛋壳的形成，引起产蛋量下降和蛋壳品质不良。

喂料要定时定量，先喂精料再喂青料。青料可不定量，让其自由采食。每天饲喂精料量，大型鹅种180~200克，中型鹅种130~150克，小型鹅种90~110克。每天喂料3次，第一次在早晨5：00~7：00开始喂配合料，然后喂青饲料；第二次在中午10：00~11：00；第三次在下午17：00~18：00。在产蛋高峰期，保证鹅吃好吃饱，供给充足、清洁的饮水。在产蛋后期，更要精心饲养，保证产蛋的营养需要，稍有疏忽，易造成停止产蛋而开始换羽。因此，可增加饲喂次数，加喂 1~2 次夜食，或任产蛋母鹅自由采食。

3. 配种管理

为了提高种蛋的受精率，除考虑种鹅的营养需要外，还必须注意公鹅的健康状况和公、母比例。在自然交配条件下，我国小型鹅种公、母比例为 1：（6~7），中型鹅种公、母比例为 1：（5~6），大型鹅种公、母比例为 1：（4~5）。冬季的配比应低些，春季可高些。繁殖配种群不宜过大，一般以 50~150 只为宜。

鹅的自然交配多在水上进行，掌握鹅的下水规律，使鹅能得到交配的机会。要求种鹅每天有规律地下水 3~4 次。第一次下水交配在早上，从栏舍内放出后即将鹅赶入水中，早上公、母鹅的性欲旺盛，要求交配者较多，应注意观察鹅群的交配情况，防止公鹅因争配打架影响受精率。第二次下水时间在放牧后 2~3 小时，可把鹅群赶至水边让其自由交配。第三次在下午放牧前，方法如第一次。第四次可在入圈前让鹅自由下水。如舍饲，主要抓好早晚两次配种。配种环境的好坏，对受精率有一定影响，在设计水面运动场时面积不宜过大，过大因鹅群分散，配种机会少；过小因鹅群过于集中，致使公鹅相互争配而影响受精率。人工辅助配种可以提高受精率，但比较麻烦，公鹅需经一段时间的调教，只适合在农家散养及小群饲养的情况下进行。

二、种公鹅的饲养管理

种公鹅的营养水平和身体健康状况，公鹅的争斗、换羽、部分公鹅中存在的选择性配种习性，都会影响种蛋的受精率。应有针对性地加强种公鹅的饲养管理，提高种鹅的繁殖力。

（一）合理饲养

种公鹅要求骨骼紧凑，肌肉结实，精力充沛，性欲旺盛。需要进行精细饲养并结合充分的运动,补喂精料（配合饲料）。在配种前2~3周,每日补喂精料,增加运动,保持性欲旺盛,提高配种授精率。配种时,注意供给优质青绿饲料、蛋白质饲料、维生素和钙、磷等,保证公鹅具有充沛的精力配种。另外,在补饲精料时,不能使公鹅过分肥胖,以免影响配种的灵活性及精液品质。

（二）适时制羽和拔羽

与母鹅一样,由于生理原因,种公鹅一般在每年的4月份（南方）或9月份（北方）以后,配种能力逐步下降,生殖器官萎缩,睾丸体积显著减少,重量减轻,即进入休产期。这时,应考虑淘汰或实施强制换羽技术。公鹅的换羽和拔羽一般应比母鹅提前10天左右进行,但不能过早。否则,当母鹅进入产蛋末期时,公鹅已开始脱毛,从而影响其配种能力。拔羽后公鹅的补饲也应早于母鹅,一般在母鹅产蛋前10~15天对公鹅增喂精料,每次让鹅吃饱为止,以便让其身强体壮,有充沛的精力配种。必须待公鹅羽毛换齐后才能配种,这时公鹅才有旺盛的配种能力。

（三）克服择偶性

部分公鹅保留有较强的择偶性,这样将减少与其他母鹅配种的机会,从而影响种蛋的受精率。所以公、母鹅要提早进行组群。如果发现某只公鹅与某只母鹅或是某几只母鹅固定配种时,应将该公鹅隔离1个月左右,使其渐渐忘记与之配种的母鹅,而与其他母鹅交配,从而提高受精率。

（四）定期检查

公鹅群中有一些性功能缺陷的个体,主要表现为生殖器萎缩,阴茎短小,甚至阳痿,交配困难,精液品质差。究其原因,主要有三点:一是遗传因素,个体先天性性机能缺陷;二是在配种过程中,部分个体会出现生殖器官的伤残和感染;三是在公鹅换羽时,会出现阴茎缩小,配种困难的情形。这些有性功能缺陷的公鹅,有些在外观上并不能分辨,甚至还表现得很凶悍。解决的办法通常是:①在产蛋前公、母鹅组群时,对选留的公鹅进行精液品质鉴定，并检查公鹅的阴茎，淘汰有缺陷的公鹅；②在鹅的生产过程中，定期对种公鹅的生殖器官和精液质量进行检查，保留高品质种公鹅，提高种蛋的受精率。

（五）保持良好环境

圈舍要冬暖夏凉，通风良好，光线充足，清洁干燥，环境安静，防热、防潮、防啄斗。每天清理鹅圈，定期消毒，预防疾病。

第七章 无公害肉鹅的疾病防治技术

第一节 常见鹅病的防治技术

一、小鹅瘟

小鹅瘟是由鹅细小病毒引起的雏鹅急性败血性并具有高度传染性和致死率的传染病。发病以 4～20 日龄雏禽为主，只感染鹅和番鸭，对其他畜禽无致病性。

【临床症状】

（1）最急性型 发病多见于 7 日龄内的雏鹅，无先期症状，病鹅突发倒地死亡。

（2）急性型 发病多见于 7～14 日龄的雏鹅，主要表现为吃草减少或衔草不吃，多饮水，腹泻，排灰白色或淡黄绿色并混有气泡的稀便。精神委顿，站立不稳而卧睡。声音嘶哑，鼻孔有棕褐色或绿褐色分泌物流出，眼眶凹陷，缩颈弯头。死前两腿麻痹或抽搐。

（3）亚急性型 发病多见于 15 日龄以上雏鹅，主要表现为精神不振，不吃或极少吃食，消瘦，腹泻，少数病鹅有条状香肠样、表面有纤维性假膜硬性粪便排出。

【病理变化】空肠和回肠的急性卡他性—纤维素性坏死性肠炎，整个肠黏膜坏死脱落，与凝固的纤维素性渗出物形成栓子或包裹在肠内容物表面的假膜，堵塞肠腔，并可见靠近卵黄蒂与回盲部的肠段外观极度膨大，质地坚实，长 2～5 厘米，状如香肠。但最急性型病例由于很快死亡，除肠道有卡他性炎症外，其他器官的病变一般不明显。急性型病例表现为全身性败血症变化，尸体消瘦，眼窝下陷，口腔黏膜棕褐色，全身皮下广泛性出血。

胸腔积液。心脏变圆，颜色苍白，冠状沟有点状出血。肝肿大淤血，呈紫红色或淡棕色，被膜下有出血点或出血斑。胰腺肿大，呈灰白色，有点状坏死灶（图7-1）。

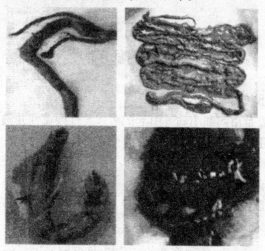

图7-1　小鹅瘟症状（摘自《水禽病诊断与防治手册》）

【防控】此病发生后无特效药物治疗，因此只能搞好预防。

（1）搞好鹅孵化室和种蛋的消毒。最好从非疫区引进无疫情鹅群的种蛋，不同地区的种蛋和雏鹅不得混孵或混养。

（2）在开产前20天，给每只种鹅肌内或皮下注射小鹅瘟油剂灭活苗1毫升。这样免疫的种鹅4~5个月内所产种蛋孵化的雏鹅可获得保护。

（3）在本病流行的地方，每只雏鹅可皮下注射0.5~1毫升小鹅瘟精制蛋黄抗体或高免血清进行预防和治疗，也可用黄芪多糖注射液进行预防（图7-2）。

二、鹅病毒性肝炎

【临床症状】本病潜伏期一般为1~4天，雏鹅发病常在4~5日龄后，急性的无任何症状突然死亡。病鹅最初症状是扎堆，精

图7-2　黄芪多糖注射液

神不振，翅膀下垂呈昏睡状态。随后病鹅出现共济失调，阵发性抽搐等神经症状。两脚痉挛性反复踢蹬，身体倒向一侧，头向后仰，有的打圈呈角反张姿势。十几分钟后死亡，死亡后喙端及爪尖淤血呈暗紫色。部分病例死前排黄白色或绿色稀粪。

【治疗方法】

（1）彻底清刷料槽、水槽，喷雾消毒　病鹅用百毒杀消毒液（按1：2 000比例）消毒。

（2）料中添加抗病毒药　每千克饲料投病毒灵6片，复合维生素B 10片，肝太乐0.05×10片，维生素C 0.1×10片，喂5天为一个疗程。

（3）饮水中加药　病毒唑5克，氨苄青霉素5克，加水50千克饮用，每日2次，连用3天为一个疗程。初发时可注射孵黄抗体或高免血清。

（4）促进解毒、排毒　用速补20加10%口服葡萄糖，饮水每日2次，连饮7日。

（5）补充维生素C，提高抵抗力　在无口服葡萄糖情况下，用白糖0.5千克加水5千克，加维生素C 50克，每日饮水2次，连饮5日为一个疗程，即可控制死亡。

【防治措施】本病主要通过消化道及呼吸道感染。所以消毒应从孵化开始，包括饲养场地、饲料、饮水、饲养工具、饲养人员、车辆等，都要在育雏前做好消毒、防护工作。可在出壳4～16小时内接种病毒肝炎疫苗；定期饮服消毒药，清除肠道病毒传播途径；入雏1周内喂1个疗程的肠道消炎药，如大肠杆菌杀星、氟本尼考制剂。并加入维生素C，提高抵抗力。做好饲养管理，减少冷刺激；喂1个疗程的抗病毒药，如中草药、病毒唑等，防止早期感染。

三、鹅副黏病毒病

鹅副黏病毒病是近5年来新发现的传染病，又名鹅类新城疫，是由禽副黏病毒Ⅰ型引起的一种禽鸟类共患传染病，发病率和死亡率较高，多发于雏鹅，尤其是15日龄以内的雏鹅。

【病原】本病的病原为禽副粘病毒Ⅰ型。

【临床症状】潜伏期多为3～5天。病鹅精神委顿，少食或拒食，但饮水量增加，体重迅速减轻。两肢无力而常蹲在地上，行动无力，浮在水面时随水漂流。患病初期排灰白色稀粪，后呈水样，带暗红色、黄色、绿色或墨绿色。部分病鹅病后期表现扭颈、转圈和仰头等神经症状。病程一般为2～5天，不死的病鹅多于发病后6～7天开始好转，9～10天康复。

【病理变化】主要表现为脾脏肿大，淤血，表面和切面上布满大小不一的灰白色坏死灶。肝脏肿大，淤血。十二指肠、回肠、盲肠、直肠及泄殖腔黏膜有散在性或弥漫性大小不一的纤维性结痂，呈淡黄色或灰白色，剥离后可见出血或溃疡。

目前尚无特效药可控制本病的发生和流行。如果发病，可肌内注射鹅副黏病毒病油乳剂灭活苗，雏鹅0.3毫升/只，成年鹅0.5毫升/只；或者肌内注射鹅副黏病毒病卵黄抗体，雏鹅2毫升/只，成年鹅3毫升/只；也可雏鹅肌内注射5倍剂量的新城疫

Ⅳ系苗，成年鹅肌内注射 5 倍剂量的新城疫Ⅰ系苗。

【防控】鹅群应进行鹅副黏病毒病油乳剂灭活苗预防接种，种鹅在雏鹅 8 ~ 11 日龄时进行首次接种，产蛋前 2 周进行第二次接种；商品鹅在雏鹅 7 ~ 9 日龄时进行免疫接种。

严格执行种鹅引入制度，不从疫区引进种鹅；对鹅场进行定期消毒。

四、鹅鸭瘟病

【临床症状】患鹅发病突然，病初体温升高到 42 ~ 43℃，精神委靡，食欲减少或废绝，羽毛松乱无光泽，两翅下垂，两脚发软，伏地不起，翅膀下垂。一个特征性症状是眼睑水肿、流泪，眼周围羽毛湿润。结膜充血、出血。另一个特征是头颈肿大，鼻孔流出多量浆液、黏液性分泌物，呼吸困难，常仰头、咳嗽。腹泻，排黄绿色、灰绿色或黄白色稀便，粪中带血。泄殖腔水肿，黏膜充血、肿胀，严重者泄殖腔外翻。雏鹅呈败血症状死亡。成年鹅表现为产蛋下降、流泪、腹泻、跛行等症状，死亡率极低，但病程长。患病公鹅的阴茎不能收回。倒拎病鹅时，可从口中流出绿色发臭黏稠液体。一般 2 ~ 5 天死亡，有的病程可延长。

【诊断】根据鹅与患有鸭瘟的病鸭有密切的接触史及典型的特征性症状与病变，即可作出初步诊断，确诊须依靠实验室诊断。实验室诊断主要取病鹅的肝、脾、脑等组织进行病毒分离和鉴定。

【防控】

（1）预防　不从疫区引进种鸭、鹅，需要引进种蛋和雏鹅时，应详细了解当地的疫情，经严格检疫后再引进。引进的鸭、鹅应隔离饲养一段时间，经检疫观察无病后，方能混群饲养。饲养的鹅群不与发生鸭瘟的鸭、鹅接触，避免鹅鸭共养或共同使用一个水池或被鸭瘟病毒污染的饲料和饮水，尽量少放牧，圈养可以减少感染机会。加强饲养管理，严格执行卫生消毒制度，避免鸭瘟病毒污染各种用具物品、运输车辆及工具等。运动场、鹅舍、饲养用具及水池保持清洁卫生，定期用2%的火碱、0.5%的百毒杀等消毒。使用疫苗进行免疫接种。目前有鸡胚化鸭瘟弱毒疫苗和大鹅瘟苗。注意使用鸭瘟疫苗时，剂量应是鸭的5～10倍，种鹅一般按15～20倍接种。鹅群一旦发病，必须迅速采取严格封锁、隔离、消毒焚尸及紧急接种等综合防疫措施。立即注射鸭瘟疫苗，做到注射一只换一个消毒过的针头。发病后应多喂青饲料，同时用口服补液盐代替饮水4～5天。饲料中应添加多维葡萄糖、维生素C等，同时使用适量的广谱抗生素拌料或饮水，以防继发细菌感染。

（2）治疗　病鹅用抗鸭瘟血清治疗，每只每次肌肉注射1毫升，同时肌注氟美松0.5毫克。饲料中增加多维素含量并混入$1.0×10^{-4}$浓度的维生素C饲喂。饮水中加入口服补液盐并按比例混匀，让病鹅自由饮服。为防止继发感染，可肌注恩诺沙星或卡那霉素等抗菌药物。

五、鹅大肠杆菌病

本病是由埃希氏大肠杆菌所引起的一种传染病。2周龄以内的雏鹅多发，呈败血性传染。本病也可感染成鹅，成鹅患该病又称母鹅卵黄性腹膜炎，是产蛋母鹅常见的疾病。由致病性的埃希氏大肠杆菌引起产蛋母鹅的卵巢、卵子和输卵管感染，导致母鹅发生卵黄性腹膜炎。该病对成年鹅而言流行于产蛋期间，可使母鹅产蛋率明显下降，并发生死亡，具有较强的传染性；产蛋停止，本病流行也告终止。

【临床诊断】对于成年鹅，根据发病的季节以及病鹅所特有的卵巢、输卵管和卵黄性腹膜炎的病理变化，即可作出本病的诊断。

本病的传染途径是通过交配感染。病的发生与产蛋期及免疫注射等多种应激因素有密切关系。发病率在产蛋高峰期及寒冷季节最高，可达25%以上，死亡率为15%左右，病鹅产的蛋受精率和孵化率均明显降低。公鹅在本病的传播上起着重要作用。当母鹅产蛋停止后,本病的流行也告终。

母鹅群在开始产蛋后不久,即发现有部分产蛋母鹅表现精神沉郁,食欲减退,不愿行动,下水后在水面上飘浮,常离群落后。仔细检查时,可见病鹅的肛门周围沾着污秽发臭的排泄物。排泄物中混有蛋清、凝固的蛋白或卵黄小块。最后病鹅完全不吃,失水,眼球凹陷,衰弱而死亡。病程 2~6 天。只有少数病鹅能够自愈康复,但不能恢复产蛋。

【临床症状】病母鹅发病后的表现可分为急性型和慢性型两种。

急性型:主要为败血性,发病急,死亡快,食欲废绝,渴欲增加,体温可比平时高 1~2℃。

慢性型:病程 3~5 天,有时可长达十余天。病鹅表现精神不振,食欲减少,无渴欲。呼吸困难,气喘,发出呼吸声,喜卧,站立不稳,头向下弯曲,嘴触地,口流清水,排黄白色稀便,肛门周围沾满粪污。病鹅快速奔跑,伸颈随即死亡。

病雏鹅精神不振,缩颈,闭目呆立,排出青白色的稀粪,整个肛门羽毛被排出的粪便所沾污。吃料减少,饮水增多,羽毛松乱,干脚。特征是一般先结膜发炎,眼肿流泪,有的上下眼睑粘连,严重者见头部、眼睑、下颌部水肿,尤其以下颌部明显,触之有波动感,即所谓小鹅肿头症。当天死亡,有的发病 5~6 天后死亡。

【防治措施】

(1) 预防 本病的预防措施主要是搞好环境卫生,鹅舍通风良好,密度适当,排除各种应激因素,选择优良的消毒剂,如百毒杀、过氧乙酸、菌毒王等及时进行消毒,以减少空气中的大肠杆菌含量,同时还应进行药物预防和免疫接种。最好是用发病鹅分离的大肠杆菌菌株来制备多价疫苗进行免疫,可有效地控制本病的发生。

平时加强鹅群的消毒卫生措施。对公鹅要逐只检查,将外生殖器上有病变的公鹅剔除，以防止传播本病。

根据分离到的大肠杆菌做药敏试验的结果，肌内注射链霉素或卡那霉素，均有很好的疗效。在发病鹅群中，病鹅注射链霉素，可使大部分轻病母鹅迅速恢复，疾病在鹅群中很快得到控制。但在停药以后，本病可能再次发作。

据报道，有人采用 4 株不同抗原型的大肠杆菌，已经研制成功预防鹅大肠杆菌病的灭活疫苗，系采用从病鹅分离到的大肠杆菌制备，安全有效。每只母鹅在产蛋开始前 15 天左右肌内注射疫苗 1 毫升，注射后有轻微的减食反应，经 1~2 天即可恢复。免疫后 5 个月保护率仍达 95%。在发病鹅群也可注射疫苗，每只肌内注射 1~2 毫升，7 天后即无新的病鹅出现，能够有效地控制疫病的流行。

（2）防治措施

①平时应搞好场地卫生，经常清除粪便，更换垫料，并可用 1∶300 抗毒威或 1∶800 百毒杀定期消毒，有疫情时应用 2% 烧碱对场地消毒，每天 1 次，连用 7 天，以彻底消灭病原。对放养鹅的鱼塘或专用塘水、河流，也应定期进行饮水消毒；有疫情时，除加强消毒外，还应对污染的鱼塘或水源要求更换新水并再消毒，把水中的致病菌降低到最低限度。经药敏试验，该菌对环丙沙星、诺氟沙星、卡那霉素高度敏感；对庆大霉素中度敏感；对青霉素、链霉素、四环素、强力霉素、红霉素不敏感。

②对病鹅应隔离治疗，可注射卡那霉素，每天 2 次，连续 3 天。对大群鹅可用 0.005%（即 10 千克料中加药 0.5 克）环丙沙星混料投服，菌克星每瓶加水 25 千克或一服灵、949 每瓶加水 50 千克饮服，连用 3~5 天；或用卡那霉素注射，每千克体重 30~40 毫克；0.005%~0.01% 诺氟沙星拌料喂服 3~5 天，疗效显著。

六、曲霉菌病

这是由烟曲霉菌等引起的鹅及其他禽类的一种以呼吸系统感

染为主的疾病。雏鹅较易感，多呈急性暴发。主要特征是呼吸道炎症，尤其是肺和气囊，故又称曲霉菌性肺炎。

【病原】本病病原主要是烟曲霉菌，黄曲霉菌等也有不同程度的致病力。曲霉菌及其孢子在自然界中分布很广，对生活条件要求较低，可以在各种基质上生长繁殖。菌体和孢子对外界的抵抗力都较强，煮沸5分钟才能被杀死。一般常用消毒药需要1~3小时才能杀死病原体。

【症状】病鹅呼吸次数增加，不时发出摩擦音，张口呼吸时颈部气囊明显胀大。当气囊破裂时，呼吸时会发出"嘎嘎"声，有时闭眼伸颈，张口喘气。体温升高，精神委顿，眼、鼻流液，食欲减少，饮水增加，逐渐消瘦。后期呼吸困难，腹泻，吞咽困难。病程一般在1周左右，不及时采取措施的情况下死亡率可达50%。鹅的日龄越大，病程越长，死亡率越低。

【病理变化】病鹅的肺和气囊发生炎症，有的病例鼻腔、喉部、气管及胸膜黏膜上有针尖至粟粒大小的灰白色或淡黄色的真菌结节，内容物呈干酪样。有时在肺、气囊或腹腔、气管上有肉眼可见的成团真菌斑。

【治疗】本病无特效治疗药物，制霉菌素有一定疗效。每只雏鹅按1万~2万单位的制霉菌素拌入饲料喂食，每日2次，连喂3~5天。硫酸铜以0.3%~0.5%的浓度添加到饮水中，连饮3~5天。中药防治本病也有较好的效果。鱼腥草125克，蒲公英62克，筋骨草32克，桔梗32克，山海螺32克，煎汁代饮水，供100只鹅1天饮用，连续饮服2周。

【预防】不用发霉的垫料和饲料是预防本病的主要措施。垫料要经常翻晒，尤其是阴雨季节，以防止真菌的生长繁殖。设置合理的通风换气设备，育雏舍内外温差不能太大。

七、鹅链球菌病

【发病原因】链球菌病由非化脓性有荚膜的链球菌引起，是鹅的一种急性败血性传染病，特征为高热、下痢、麻痹。一般消毒药对病菌有良好的消毒杀灭作用。鹅、鸡、鸭、鸽易感。本菌通过呼吸道传染，也能通过接触传染，羽虱可成为机械传播媒介。

【临床症状】病公鹅阴茎充血，泄殖腔黏膜充血、糜烂，在表面形成纤维素性假膜，使阴茎和泄殖腔变形、硬化，阴茎难以伸出或失去配种能力。母鹅感染后使其蛋受精率下降 20% ~ 40%，影响孵化率。

【病理剖检】肝脏肿大、淤血呈紫黑色，有出血斑点，切面结构模糊不清；胆囊胀满、胆汁外溢；脾脏肿大，表面可见局灶性密集的小出血点或出血斑，质地脆弱；心包内有淡黄色液体，心内膜、心外膜出血，并有小出血点，心瓣膜上有赘生物；肾脏肿大出血；胃肠充满黄绿色液体，肠黏膜呈卡他性炎症；胸腔内有纤维素渗出物，黏膜出血；喉头有出血点；卵黄吸收全，脐带发炎。

【诊断】根据其流行情况、发病症状、病理变化，结合涂（触）片检查可以作出初步诊断。进一步确诊需要通过细菌分离鉴定。

【治疗方法】

（1）对发病鹅用庆大霉素 1 万单位/只饮水，每日 2 次，同时口服补液盐，连用 3 ~ 5 天。

（2）重症病鹅肌注庆大霉素按 2 000 单位/只，每日 2 次。

（3）复方新诺明，可按 0.04% 的比例拌料饲喂，即每 50 千克饲料中加入 20 克复方新诺明，连续用药 3 天，一般可见效。

（4）新生霉素拌料（0.038 6%），即每 50 千克饲料中 20 克药，喂 3 ~ 5 天可有效控制病鹅死亡。

（5）用 0.01% 的百毒杀对鹅舍、场地等环境进行消毒，连用 3 ~ 5 天。

【防治措施】

（1）鹅舍彻底清扫消毒，发现病鹅及时隔离。

（2）每千克体重肌内注射长效青霉素5万单位加普通粉剂2万~5万单位，连续3天即可控制病鹅死亡。青霉素与庆大霉素合用，效果更好。

八、鹅蛔虫病

鹅发生蛔虫病的较少。据浙江省1985年调查，感染率为2%，感染强度为1条；1990年江苏农学院对山东省10只种鹅的检查，感染率高达50%，感染强度为1~12条。说明鹅也可感染蛔虫，但共感染率和感染强度都不太高，这与饲养管理的条件有关。

【病原】鹅的蛔虫病是由鸡蛔虫所引起。鸡蛔虫为淡黄白色像豆芽样的线虫，雄虫长约26~70毫米，雌虫长65~110毫米，虫卵为椭圆形。蛔虫成虫主要寄生在小肠内。雌虫产的卵随粪便一起排到外界。刚排出的虫卵，因还未发育成熟，是没有感染力的。如果外界的湿度和温度适宜，虫卵就能继续发育，约经10~16天后就变成感染期虫卵（卵内幼虫已形成一条盘曲的幼虫）。感染期幼虫在土壤中一般能生存6个月，鹅吃到这种感染期虫卵后就会发生感染。幼虫在腺胃内脱壳而出，到小肠内生长发育，约经9天后、幼虫又钻进肠壁黏膜中进一步发育，此时，常引起肠黏膜出血，到17天或18天时，幼虫重新回到肠腔发育成熟。幼虫的整个发育期大约需要35~60天，才能完全成熟，这时鹅粪中就有蛔虫卵排出。蛔虫卵对寒冷的抵抗力很强，而50℃以上的高温、干燥和直射阳光，则很易使虫卵死亡。

【症状】病鹅的症状与感染虫体的数量、本身营养状况有关。轻度感染或成年鹅感染后，一般症状不明显。雏鹅发生蛔虫病后，常生长不良，精神不佳，行动迟缓，羽毛松乱，贫血，食欲减退或异常，腹泻，逐渐消瘦。

【诊断】仅根据症状难以确诊。如从粪内检查到虫卵或剖检看到虫体时即可确诊。

【防控】

（1）幼鹅和成年鹅分开饲养和放养。

（2）定期检查粪便，发现感染蛔虫的鹅群应进行有计划的驱虫，以防止散播病原。下列药物可用于治疗。

驱蛔灵：用量为 0.25 克/千克体重，或在饮水或饲料中添加 0.025% 驱蛔灵，但加药的饲料和饮水，必须在 8～12 小时内服完。

磷酸哌嗪片：用量为 0.2 克/千克体重。

甲苯咪唑：30 毫克/千克体重，1 次喂服。

左咪唑：25～30 毫克/千克体重，溶于半量的饮水中混饮，在 12 小时内饮完。

四咪唑（驱虫净）：如混饲时，则按 50 毫克/千克体重给药。

丙硫苯咪唑：10～25 毫克/千克体重，混饲给药。

搞好鹅舍清洁卫生，特别是垫草和地面的卫生。保持运动场地的干燥，及时清除鹅粪并进行发酵处理，是预防本病的有效措施。

九、鹅球虫病

球虫病是由艾美尔科、艾美尔属泰泽属球虫寄生于鹅的肾脏和肠道所引起的一种原虫病。

【病原】鹅球虫的分布很广，种类很多，全世界已描述了 15 种鹅球虫，我国现已发现 10 种鹅球虫，可分为寄生于肾脏和寄生于肠道的两种类型。寄生于肾脏的截形艾美尔球虫卵囊呈椭圆形，大小为（14～27）微米×（12～22）微米。前端截平，较狭窄，具卵膜孔和卵膜孔帽，孢子囊具有残体。此种球虫具有强大的致病力，对 3～12 周龄的鹅，致病死亡率可达 30%～100%，并可引起暴发性流行。寄生于鹅肠道的球虫中，以柯氏艾美尔球虫的致病力最强，引起鹅的严重出血性肠炎。柯氏艾美尔球虫卵囊呈长椭圆形，一端较窄小，淡黄色，大小为（23～

28）微米×（21~26）微米，具卵膜孔和极粒，无外残体，内残体呈散开的颗粒状；鹅艾美尔球虫卵囊呈球状，大小为（16~24）微米×（13~19）微米，囊壁一层，光滑无色，具卵膜孔。

鹅球虫在鹅的肾脏或肠道上皮细胞内，进行分裂生殖和配子生殖。在外界环境中完成孢子生殖，发育为具有感染能力的孢子化卵囊。鹅因摄入含有孢子化卵囊的饲料和饮水而受到感染。

【症状】病鹅精神沉郁，身体衰弱，排白色或红色稀便，厌食，步态蹒跚，翅下垂，目光迟钝，眼睛凹陷。

剖检可见肾脏肿大，由正常的淡红色变成淡灰黄色或红色，有针尖大小的灰白色病灶。小肠肿大，肠内充满棕红色不浓稠液体（图7-3）。

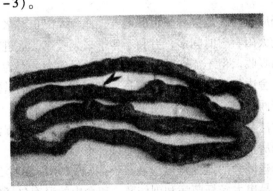

图7-3 鹅球虫病症状（摘自《水禽病诊断与防治手册》）

采用饱和盐水漂浮法，在粪中查到大量卵囊，即可确诊。

【防控】

（1）预防 本病主要为害雏鹅，污染物及养殖场可持续成为传染源。加强饲养管理，搞好鹅的粪便处理和鹅舍的环境卫生，是预防本病的关键。不同年龄的鹅要分开饲养管理。

（2）治疗 治疗球虫病鹅的药物较多。治疗时宜用两种以上的药物交替使用，争取早期用药。对于常发地区的雏鹅，应定期饲喂预防药。常用药物及用量为：磺胺二甲嘧啶，按 0.05%加入饮水或混料饲喂 4～5 天；氯苯胍，按 0.006% 混料饲喂；盐霉素，按 0.006% 混料饲喂；克球粉，按每千克饲料加入 250毫克作治疗用，作预防用时减半；球虫净，按每千克饲料加入125 毫克，作预防用。

第二节 鹅病综合防治措施

一、鹅场布局合理化

建立规模化养鹅场，不仅在场地选择上要利于卫生防疫，交通方便，而且鹅舍的布局与设施也应为疾病的防治提供便利条件。

鹅场应选择在地势较平坦的地方，鹅舍大门正对水面、向东开放，受太阳直射时间多，有利于冬季采光吸热，促进体内钙质的转化和吸收。但不能在朝西或朝北的地段建舍，因为夏季迎西晒太阳，舍内气温高，像蒸笼一样闷热，易造成鹅中暑等死亡。冬季迎着西北风、气温低，鹅采食料多，生产水平低。在地势较狭窄的沟洼盆地建舍时，其朝向主要考虑夏避暑、冬保温，不被大风吹翻房顶，利于鹅放牧运动即可，不必考虑朝向。

选择建鹅舍的地面湿度应在 25% 以下，不能超过 35%，否则下雨时易患大肠杆菌病和副伤寒。鹅舍内的温度包括气温和自产体温热，鹅群过挤，所散发的温度聚集，无法流通透气，会使整个栏内的温度、氨气、二氧化碳、硫化氢等气体增加，鹅易患呼吸道疾病。夏冬季气温变化大，鹅易受热应激或冷应激影响，降低机体抵抗力，阻碍生长发育。

建造鹅舍的场地比周围略高一些，大约为 5°～6° 的上坡，以利于排水。从鹅的生活习性等因素来考虑，土质最好是沙壤土。需要注意排水不良易遭水淹的地段不可建造鹅舍。交通便利，便于饲料等原材料的运入以及鹅产品的运出，但不紧靠码头、车站等地段，因为这些地方不利于卫生防疫而影响生产管理。

场内设施要齐全，设有宽而高且牢固的、易于移动的水槽和料槽。鹅场除基本设施外，应设疾病隔离观察房，备足常用药剂、治疗诊断器械（如磺胺类粉剂、多维素、骨粉、连续注射器等），有条件的备有冰箱。种鹅场应在干燥阴暗的舍角设有产蛋箱（窝）。

二、鹅场卫生管理制度化

1. 培养工人素质

责任意识和科学系统化的管理水平是养鹅事业得以健康、迅速发展的基础。养鹅前要求饲养管理人员必须先接受培训，并通过参观考察，直观地感受养鹅的饲养管理方法。要求养鹅人员要学习掌握一些有关的饲养和防治疾病的知识，有良好的心态和不畏劳苦的精神。同时每半年应对饲养管理人员进行一次强化培训。鹅生活节奏有极强的规律性，一经形成不易改变，同时，鹅对人的口音、动作、活动规律有很强的适应性和敏感性。因此，要求饲养人员固定，并有一定的管护知识、诊治疾病的能力和点鹅数的技巧，及时投药、隔离病鹅或淘汰劣质鹅，减少饲养成本，提高经济效益（种鹅场尤其重要）。

2. 建立严格的消毒制度

实行定期消毒，消毒的范围包括周围环境、禽舍、孵化室、育雏室、饲养工具、仓库等。消毒前先清扫冲洗，待干后，再用药物消毒。除场内周围环境，其他地方做到三天一次小消毒，七天一次大消毒，控制微生物病原生长。平时在鹅舍进出口应设立消毒池、洗手间、更衣室等。场内周围环境的消毒，一般每季度或半年消毒一次，在传染病发生时，可随时消毒。鹅舍应在每批鹅群出售或宰杀后进行彻底消毒。孵化室应在孵化前和孵化后进行消毒，育雏室消毒应在进雏前和出雏后进行。但禁用干的生石灰或草木灰撒场消毒。

3. 饲料、饮水无污染

鹅是水禽，既爱水又怕湿，且喜乱啄，成群活动能力强，极易造成饲料和水污染。因此，养鹅时应注意饲料饮水的卫生，少喂勤添，以粪便保持结而不散、湿而不稀的柔软颗粒状为宜。鹅场的饮水器或水槽、料槽常常被粪便污染，因此在设计和安装上要采取必要的技术措施，如悬挂或用其他方式升高饮水器和料槽的高度，不让鹅群践踏，饮水器和料槽高度以与鹅背高度等高为最佳。由于鹅只戏水而不吃水中的鱼、螺等动物性饲料，因此，料中应补充蛋白质和钙含量高的饲料。及时清除积在水槽、料槽的水、料，免得鹅啄食后造成拉稀或引发大肠杆菌病等（夏季尤其重要）。放牧进玉米地吃杂草的，要在晴天进行。禁喂施农药不足 10 天的青饲料和发霉变质的精饲料。

4. 粪便、污水的处理

鹅粪污水易被植物吸收和利用，可即扫即销，转移利用。对当天不能销售的粪便污水可用贮粪池贮留或放入沼气池内发酵，然后再作销售。也可通过加入微生物发酵添加剂处理后转化成饲料再利用。

5. 尸体处理

不明病因死亡的鹅只及其排泄物，要用密封容器盛装运到场外空旷地挖坑深埋或烧毁，严禁在场内放血屠宰及乱扔乱放。遇到不明原因大批量鹅只发病时，要及时采病料送有关业务部门检验，以便及早明确病因采取有效措施，减少损失。如果出现大批死亡，经查明病因，需加工利用者，应在兽医部门专人监督下，专门加工处理利用；如果属于传染病，应做无害化处理。

三、鹅场免疫程序有效化

规模养鹅场要经常性地掌握和了解当地、周边地区及国内外其他地方鹅病疫情发生、流行情况，及时制定应对措施，严格执行"预防为主，防重于治"的方针，对养鹅生产中的常见病、多发病及其他新的传染病及早做好预防，并依据实际生产情况不断完善免疫程序。

免疫程序可参照：1 日龄肌内注射小鹅瘟高免血清或高免蛋黄液；10 日龄内肌内注射鹅副黏病毒病疫苗；8～15 日龄肌内注射小鹅瘟高免血清或高免蛋黄液和皮下或肌内注射禽流感（H5 亚型）灭活疫苗；20～30 日龄肌内注射鹅的鸭瘟弱毒疫苗和小鹅瘟弱毒疫苗；开产前 1 个月肌内注射鹅的鸭瘟弱毒疫苗、小鹅瘟弱毒疫苗、鹅副黏病毒病疫苗和禽流感（H5 亚型）灭活疫苗；以后每隔半年肌内注射鹅的鸭瘟弱毒疫苗、小鹅瘟弱毒疫苗、鹅副黏病毒病疫苗和禽流感（H5 亚型）灭活疫苗，必要时增加禽霍乱疫苗的免疫，并缩短接种间隔时间。

参考文献

［1］王继文．图说高效养鹅关键技术［M］．北京：金盾出版社，2009.

［2］干述柏．无公害鹅安全生产手册［M］．北京：中国农业出版社，2008.

［3］谢庄．肉鹅高效益养殖技术［M］．北京：金盾出版社，2009.

［4］陈宗刚．肉用鹅饲养与繁育技术［M］．北京：科学技术文献出版社，2010.

［5］程安春．养鹅与鹅病防治［M］．北京：中国农业大学出版社，2004.